MY WHOLE WORLD

所谓世间不就是你吗

韦娜 著

天津出版传媒集团
天津人民出版社

图书在版编目（CIP）数据

所谓世间，不就是你吗 / 韦娜著. --天津：天津人民出版社，2019.10

ISBN 978-7-201-15240-0

Ⅰ. ①所… Ⅱ. ①韦… Ⅲ. ①成功心理—通俗读物 Ⅳ. ①B848.4-49

中国版本图书馆CIP数据核字(2019)第204403号

所谓世间，不就是你吗

SUOWEI SHIJIAN BU JIUSHI NI MA

韦　娜　著

出　　版　天津人民出版社
出 版 人　刘　庆
地　　址　天津市和平区西康路35号康岳大厦
邮　　编　300051
邮购电话　（022）23332469
网　　址　http：//www.tjrmcbs.com
电子信箱　reader@tjrmcbs.com

责任编辑　谢仁林
特约编辑　师　擎
文案编辑　朱亚彤
书籍设计　1101

制版印刷　河北华商印刷有限公司
经　　销　新华书店
开　　本　880毫米 × 1230毫米　1/32
印　　张　8
字　　数　150千字
版次印次　2019年10月第1版　2019年10月第1次印刷
定　　价　39.80元

序言
谢谢你来到了我的生命里

回想过去的一年，我最深刻的感觉就是一切都太快了。

从去年冬天到今年夏天，我每天都在忙碌，做了很多事情。这些事情对我来说特别重要，也特别有意义。

短短一年时间，我的世界发生了惊天动地的改变——从订婚、结婚到怀孕，仿佛所有的事情都是一气呵成的。身在其中，一开始我也有过抗拒，先是不敢置信，到最后的接受、欣喜。可能这个过程就是一个人从女孩到女人的成长与蜕变。

我订婚的时候，恰值秋冬交替，当时的自己并没有意识到生活会发生怎样的改变。

那时，我的父母提前到了上海，我带着他们去商场买衣服。可能是他们早晨才到，中午有些疲惫，妈妈不小心跌倒了，我扶着她起来，她居然有些不好意思地说：“娜娜，我给你丢脸了。妈妈年纪大了，这一折腾有些腿疼。”

听到她的自责，我很心疼，顿时在街头泪流满面，第一次感受到父母老去的速度居然这么快。

看到爸妈穿着我给他们买的新衣服、很开心的样子，我的内心特别有成就感，会觉得自己之所以这么努力，就是为了日后可以更好地照顾他们。

我还记得自己豪气冲天地说：“爸爸妈妈，想买什么就买，我买单。”

说完后，我突然觉得自己长大了，眼泪落下。我终于在人生某一个时刻转换了身份，是那种作为孩子，对父母不再只是索取的自豪感。而这一刻，对我来说，的确来得有点儿晚。

这些年，我一直像是在流浪。若是隔一段时日不离开北京或上海，便觉得很压抑。若生活一直重复，不出差、不签售、不去讲课，便感受不到自己的价值。这一路走来，我舍弃了许多，逛街、看电影、和朋友们聚餐、在咖啡馆小憩等，在我看来，都是特别浪费时日或是很奢华的事。

我把所有的时间都交给了工作、写作、阅读，唯一的娱乐就是睡觉前会在网上购物。我努力地工作，努力地提升生活品质，努力地成为更好的人，却还是觉得孤独。早晨醒来，晚上睡前，没有人说早安、晚安，我才明白自己一直是一个人。写作是生命中特别重要的一件事，但它的陪伴有限，它只能潜入你的灵魂，在你的精神世界里陪着你。

可你还是需要世俗的快乐，一个爱你的、真实的、有喜怒哀乐的人陪着你，牵动你的情绪，惹恼你，或让你开心。

所以刚刚好，徐先生不早不晚地出现了。即使其他人有诸多好，也比不上他一个恰好。

晚上，我和爸爸一起去机场接徐先生的父母，那是我们双方家长第一次见面。大家没有初见时的陌生，反而都很自在，让我心安了许多。我们本打算去饭店吃饭，可大晚上的，谁也不想吃太多油腻的东西。父母们在我四十多平方米的小房子里，熬了小米粥，炒了菜，我和徐先生跑到外面，买了烧饼和烧酒。

就这样，一顿饭的工夫，大家就成为亲人。

第二日，我们特意前往一家山东菜馆，点了满满一桌子菜，菜多到放不下。徐先生的妈妈和我的妈妈都哭了。徐先生也想落泪，唯有我止住了眼泪。

大家说了许多话，很真心，也很真诚。酒杯到了我手里，我却一句话也说不出来。当时心里就是很开心，很激动，也很伤感。伤感的是，为何我要等到三十一岁，才可以被人爱、被人认可。我拿起酒杯一饮而尽，便喝醉了。

第三日，家人们都要走了。那天下起大雨，我和徐先生分别送他们到了火车站和机场，与他们告别。回来的路上，我们牵着手，淋着雨，像两个调皮的孩子。初冬的雨落在我身上，我欣然接受一切，即使它如此冰凉。

订婚会让你觉得有了归属感。不管前面是否黑暗，你只需要跟着你的未婚夫往前走。“未婚夫”这三个字，只是听起来就好像拥有许多期待，未知、美好、纯净。我喜欢这三个字，一切都是让人向往的模样。

很快，徐先生的父母到家后，查了查可以结婚的日子，定在了第二年的正月。得知这个消息，我和他都有些抗拒。时间太紧张了，我们都是完美主义者，不想潦草地结婚。还有就是单身久了，三十岁之后，很难接受身份的转换。这个男人，这个女人，从此要和你共度余生。父母们都很着急，不知道我们在纠结什么。

我们俩的力量不足以抗拒父母的意愿。很快我们就结了婚，很快我怀孕了。知道自己怀孕后，我特意打车，在黑夜中看了一遍这个城市，想看看它和我之前看到的有何不同。结果发现，唯一不同的是，我所看到的每一处风景，都在黑暗中闪着光，似乎在说："欢迎你，即将成为人母的少女。勇敢一些，往前走啊！"

只能如此。

从一直是漂泊少女，到安稳下来，成为别人的未婚妻，成为别人的妻子，成为一个孩子的妈妈，原来只是一瞬间的某个决定。

一路走到现在，我真的很感谢陪伴我的人、鼓舞我的人，即使是那些经常给我留言寻求我帮助的人，也显得那么可爱。我把这些故事都记录了下来，期待那些晚婚、不婚或不着急结婚但一直被催婚的人，都能在我的故事里找到步伐一致的人。别着急，你有你的人生，而你的人生有自己的轨迹。别害怕，也别纠结，更别为其他人改变自己的想法。

此外，我还要多说一些，关于我的这本新书，几多磨难，好事多磨。

先是用了几年的电脑崩盘了，我写的书稿都丢了，气恼之余，我很多个夜晚不能眠。带着期待，我拿着电脑去找了修电脑的师傅，师傅却告诉我："你这个电脑可以修，但你的文件都在电脑桌面上，不好恢复了。"

我不死心，又换了几个师傅，得到的答案是一致的。于是我自己重新装了系统，电脑桌面恢复了最初的干净。由于工作中的陋习，我的电脑桌面上向来全是文件，突然之间整洁干净，有些不习惯。我拼命地回想自己想要寻找的文件究竟是什么时，脑海又陷入了混乱。

再加上当时的状态不是很好，我索性给自己放了个假，大概有一个月都没有写文。我陆续看到自己的微博、微信公众号，有人给我留言，问我的消息。

我才开始写作，重新定了交稿的时间。而这本书，现在就摆在我们的眼前。

它记录了我这一年的变化，是我的第五本书。从2015年到2019年，我每年都会上市一本新书，从未停止过。时间太快了，我已从从前那个不敢太快乐的自己，长成了如今平静、有力量的我。我的读者们可能也有变化。一些人来了，注定一些人也会离开。我欣然接受。

我的哥哥说，人这一路上，不能什么都要，时间会留下你认为最重要的东西。

那我认为，最重要的东西是我的爱，我对写作偏执的热爱。还有你，一直读我的文字的你，一直默默关注我的你，从未离开过的你。

以此书纪念易逝的青春。

写于2019年4月23日，东京

韦娜

所谓世间，不就是你吗

CONTENTS

第一章
愿世间美好，与你相随

生活是自己的，我们都是生活的主角。愿你孤独时，刚好朋友都在；愿你难过时，刚好有人安慰；愿你喜欢一个人时，刚好他也喜欢着你。愿世间美好，与你相随。

002 / 我就是要让所有人羡慕你

007 / 那些听不到音乐的人以为跳舞的人疯了

012 / 老板，来一份变态辣的麻辣烫

018 / 不只是可爱，你还能拥有很多面

025 / 没有钻戒，你结婚吗？

030 / 先保护生命，再热爱自由有多重要

036 / 我还爱着你，但我决定放弃你了

041 / 命运对我们的爱，藏在“练习期”

046 / 假装情侣，只有我动了真心

051 / 你有什么样的标准，就会有什么样的收获

056 / 但行好事，莫问前程

第二章
青春的爱情不回望

不要执着于令自己痛苦的事物，不要去惦记再也回不去的曾经，人总是要往前走的。有些事，放弃得越早，你的未来也就越好，青春的爱情不回望。

062 / 为什么越来越多的人不敢太快乐
068 / 我们所走的每一步都算数，弯路也算数
072 / 微信明明有三四千好友，结婚我却只邀请了五个人
077 / 时尚不是追逐别人，而是找寻自己
081 / 关于写作这件小事
087 / 不懂拒绝的人，活得有多辛苦
092 / 你曾是我的一门功课
097 / 人生没有彩排，跌倒了立刻爬起来
102 / 这才是最好的修行
107 / 我们真的不会好好爱一个人了吗
112 / 重复去做一件事的时候，已是最深的喜欢

第三章
爱你的人，正踏云而来

未来的路还很长，此时，爱你的人，正踏云而来。他穿越人海，只为与你相拥。他会一直都在你身边，把握和你在一起的每一分一秒，去创造美好。

118 / 那些都很好，可惜我并不需要
123 / 后来他们说起你，我哭得很开心
129 / 朋友，我们终将消散在人海
133 / 你会偷偷地翻看男朋友的手机吗
138 / 走出舒适区，成长路上不要停
143 / 把爱情当作全部的女人，小心会输
149 / 记得活成自己的模样
155 / 童年的味道，是被爱的回忆
160 / 等一等，偶尔迟到的幸福
167 / 我们会一直年轻下去吗
172 / 生活不曾取悦我，所以我创造了自己的生活
176 / 一生的努力，都是储蓄

第四章
所谓世间，不就是你吗

从错过到相识，从相识到相爱，经历过的所有磕磕绊绊，都是为了日后和你一起欣赏这世间全部的美好。我不能把全世界给你，但我能把我的世界给你。所谓世间，不就是你吗？

182 / 珍惜当下可贵的时光，完美亦完整
186 / 我们在机场等不到船
192 / 我只想过无比“正确”的生活
196 / 别忘记，他也曾是执剑少年
203 / 如何成为一个有趣的人
207 / 我想送你满屋星光
212 / 世界逼我逞强，我只是不想让你失望
218 / 专心致志地去爱，比什么都重要
224 / 人本质是嫁给了自己
229 / 歌德：我将变成一个新人回来
234 / 感谢你让我学会了爱与生活

第一章 愿世间美好，与你相随

生活是自己的，我们都是生活的主角。愿你孤独时，刚好朋友都在；愿你难过时，刚好有人安慰；愿你喜欢一个人时，刚好他也喜欢着你。愿世间美好，与你相随。

我就是要让所有人羡慕你

我翻看微博的时候，看到一个话题：你为什么要和自己喜欢的女孩分手？

我看到很多有趣的回答，其中印象最深的一个回答，点赞最多，态度最“渣”也最真实：“没有那么爱，对方也不值得我那么爱。”

我又搜索了一下知乎，看到了各种版本的关于分手的奇葩故事。分手的时候，男人都有些无辜，会有一种心态是：我不得不那么做。但他们很擅长冷暴力分手，也就是用冷漠去逼迫女孩说分开。

突然想到总来问我失恋问题的女孩，可能还在拼命挽回，还有更傻的女孩，花了重金去“挽回机构”，或借助塔罗牌等方式来揣测男孩的心意，看看自己的感情还有没有和好的可能。

有那么一刻，我很想把男生真实的想法都写下来，告诉女孩们不要太沉迷在自己的世界里不肯走出来，要勇敢面对真相。

还有太多的女孩一直想不明白，男人口中所谓的“值得爱”，这个“值得”究竟是什么。

喜欢或不喜欢，早已无法成为衡量一段感情要不要继续的因素，合适或者不合适，也无法判断一个人是否还值得我们为之付出。

但我相信，每个人都可以给“值得”下一个定义，那就是想要不顾一切去做，不计较结果的事情，就是一种值得。

美或者是爱，都必须是从内心生根的东西，强求不来，要一遍遍地用耐心浇灌。

男人都是善变的，人也是善变的，但唯一不能改变的是我们对自己的要求，对美好事物的追求，以及有趣的个性。

我曾在巴黎塞纳河的午后，看到咖啡馆里的那些女人们专注地聊天，讨论时尚、文学，时不时转头看向路边的人。她们是一群看不出年龄的女人，但都涂着红唇，戴着戒指，脸上毫无倦意。

当我站在巴黎的街头，看着那些早已走过人生暮年的老者依然光彩耀眼，我的心中唯有惭愧。

当你活出自己的模样，不在意衰老，不在意男人是否爱你，反而更能轻而易举地获得爱。

我看到一个帖子，讲的是一个国外的女人喜欢收集咖啡杯，被丈夫嘲笑了半辈子。后来，女人决定不再听男人的嘲笑，同男人离婚了。她再婚，新一任丈夫直接给她造了一面艺术墙放杯子。

没有对比就没有伤害。但不经历痛苦，人就无法从中获得智慧。若这个女人在前夫的嘲笑中，不再收集咖啡杯，可能就无法遇见那个只为她的喜好就造一面艺术墙的男人吧！

如果没有自己的爱好、坚持和对美好事物的向往，就找不到自己的价值，也自然得不到男人的爱，以及爱情中的值得。

或者是，你要先成为一个令自己羡慕的人，才会找到一个愿意守护你骄傲的人。

我和慧慧是在上海学绘画认识的，她审美很好，喜欢美的东西。

慧慧的先生是做销售的，奔走在各大医院中。慧慧后来也被先生介绍到医院的美容部工作，工作也不复杂，就是向顾客推销各种医美产品。

最初她做得很好，可渐渐地，她抵挡不了医美的诱惑，也抵挡不住先生对身边各种美丽女孩的赞美，开始尝试给自己的脸打针。获得了短暂的美丽后，她越陷越深，又开始尝试整形手术。

最终，慧慧为了漂亮，居然欠债几十万元去整容、打针，几乎所有人都反对她，公婆更是提出一定要儿子与她离婚。她的先生在父母的训斥下一直沉默，最后选择了离婚。

慧慧再次遇见爱情，被打动的原因是，男人听完她的故事，没有因此嘲笑她，反而真诚地说：“我能理解，你只是想变得漂亮。而我就是因为你的漂亮才喜欢你。不仅如此，我也要守护你的漂亮，找到真正让你一直漂亮的东西。”

他帮慧慧报了班，学绘画、舞蹈、插花等一切与美和艺术相关的课程。慧慧很感动，慢慢地让身心沉浸在这些美好的事物中。

遇见对的爱情，女人的姿态才会越来越好。慧慧获得了新生。她最喜欢说的一句话是：“与之前相比，我都开始羡慕自己了。”

毫无疑问，当你开始羡慕自己，满意周围的一切，沉浸在美好的事物中，一切都会顺着我们向往的生活前行。而当一个人不停地否定自己，希望通过自我牺牲来博得对方一笑时，几乎都会惨淡收场。

这也让我想起那个周末，我去参加线下活动，徐先生陪我前往。他被书友们追问：“结婚前后，有什么不一样的心态吗？”

徐先生笑着说：“之前一个人的时候，觉得怎样生活都是可以接受的。结婚后，无论去哪个国家出差，品尝任何美食，都想与她分享。我想让所有的人都羡慕我的太太韦娜，包括我自己。”

听完这段话，我的眼泪随之落下。

三岛由纪夫说：“也许是天性懦弱的原因，我对所有的喜悦都掺杂了不祥的预感。”

之前，我也是个懦弱、缺乏自信的人，快乐之后会更失落，幸福的时候会担忧失去。但这一次，我确定自己的确邂逅了幸福。

因为我也开始羡慕自己，觉得之前那个刀枪不入的自己有了爱的软肋，也有了铠甲。

而这就是爱中最坚定的值得，最温柔的承诺。

那些听不到音乐的人以为跳舞的人疯了

女孩带着男朋友从北京来上海看我，一路奔波，只是想带他来看看我。我是她的小姨，但在她心里，我也是她的好朋友，我的认可会给她鼓励。

看到男孩，我还是失望了。我对她说："他太普通了，没有梦想，对未来的规划不明确，无法给予你承诺，从他的学历和背景来看，可能也无法给你好一些的生活。我从与他的交流中，只看到他的躲闪，并未看到他真诚的一面。"

她满怀失望，对此不解，对我不满，也对我的判断有所怀疑。

凌晨三点，我们还在探讨一件事——感情难道不可贵吗？

我说："可贵，感情是这个世界上最宝贵的东西，因为它无法衡量，属于精神世界的一部分。可重点在于我们应该如何保护它的可贵。你要明白，很多感情因为敌不过现实，不知不觉就变了。"

我煞费苦心，和她聊了一天又一天，希望她可以去中科院或香港读博士后，希望她更优秀一些，以后的生活能更好一些，不要为了眼前的男孩而改变，也不要追着他的步伐走，要有自己的定力和坚持，要独立，要强大，要顾全家人的看法，不要被爱牵引着走，更不能为男孩放弃事业……

我说了很多，她不止一次落泪，我说的话，有很多感动了她，也有很多伤害了她。

她走的时候对我说："可是我们在一起很快乐，很舒服，这就是我的爱情啊！你和朋友们都说这个男孩和我不相配，可你们不是我，我也没有你们想象中那么好，他也没有你们想象中那么差。"

我并没有觉得沮丧，因为我一直觉得语言是苍白的，可以拿去说服别人的语言多半无力。

可是何时，我变成了她口中那个可恶的自私的大人，衡量爱情的标准只剩下了现实和条件。要知道，几年前，我也同她一样，爱的时候不顾一切，觉得拥有对方就是拥有全世界。既然感情在我心中如此珍贵，我为何又要劝一个陷入爱情中的女孩放手，丢掉她最珍贵的东西？

真是抱歉，我已长成一个大人，现在的我几乎一眼就能看透他人的心思，看懂一件事难以触及的规则。我瞬间就知道一个东西适合不适合自己，也早已看明白真实的世界并非险恶丛生，却不允许我们走错路。

经由生活的检验，证明我说的很多话是对的，道理也认识得深刻，可我还是时常觉得悲哀。悲哀的是，即使我预见了结局，依然无法改变前来问我问题的女孩的想法。

更悲哀的是，在她的眼中我已是世俗之人，而我只认为她天真、幼稚。

三岛由纪夫说过："所谓青春就是尚未得到某种东西的状态，就是渴望的状态，憧憬的状态，也是具有可能性的状态。他们眼前展现着人生广袤的原野和恐惧，尽管他们还一无所有，但他们偶尔也能在幻想中具有一种拥有一切的感觉。"

若我和女孩有何不同，应该是她正值青春，憧憬、热望一切，而现在的我时常纠结，觉得人生短暂，怀疑自己不能再做什么。我正在老去，一点儿一点儿。

我拥有过她的快乐，她却没有感受过我历经的悲伤。我们在相同的年纪拥有不同的青春，爱上不一样的男人。既然未来不可知，我又为何要给出建议呢？我们注定要走不一样的路，爱不一样的男人。生活本就无借鉴可言。

在《牧羊少年奇幻之旅》中，少年放弃羊群，放弃心爱的女孩，穿过沙漠，只为寻找一笔财富。他固执得可怕，旁人无不觉得他痴傻。最终，他被一群人殴打得遍体鳞伤，感到死亡正在逼近。不得已，男孩子只好求饶，告诉这群人，他曾两次梦到埃及金字塔附近埋葬着一批财宝。

领头的人听到，对他说："你不会死掉，因为你太愚蠢。两年前，就在你待的这个地方，我也重复做过一个梦。我梦见自己应该到西班牙的田野上，寻找一座残破的教堂，一个牧羊人经常带着羊群在那里过夜。圣器室所在的地方有一棵无花果树。如果我在无花果树下挖掘，一定能找到一笔宝藏。但是我没有那么蠢，不会因为重复做了同一个梦就去穿越一片大沙漠。"说完，他就离开了。

少年却笑了，他向金字塔看去，他已找到宝藏。原来，他穿越沙漠要寻找的东西，恰好藏在另一个人的梦里。

命运无数次地指引那个人去得到那笔宝藏，远离现在做强盗的生活，他却不闻不顾。命运只是给了少年一个暗示，他就解码了全部的秘密。即便穿越整个沙漠，也值得。

我恍然明白，若生活真的有借鉴意义，它绝不会藏在一个人对另一个人坦白的诉说中。

真正的爱应该是含蓄的，是隐忍的，思前想后，怕给对方造成顾虑、不安。

我问自己："一个二十几岁的人，真的可以选择一条光明大道吗？"

那些从小就从书本里汲取智慧、心无旁骛地向着光芒前进的人，也要经历痛苦，也要走过坎坷。对此，我们无力阻止。

太多的新媒体作者教给读者们，如何快速赚钱逆袭，快速找到女朋友，快速转身和遗忘，快速地掌握生存的技能，快速地拥有一切。可是有谁会告诉读者们，若你没经历过缓缓地穿越那片沙漠的痛苦的过程，你是无法懂得珍惜自己所拥有的，更无法体会苦尽甘来，以及失而复得的欣喜。

我们真的无法劝任何一个人别去做一件危险的事情。

就像我特别喜欢的一个诗人张枣写的那句：“危险的事情固然美丽，不如看她骑马归来。”

有读者问我：“悲哀那么多，我们为什么要结婚呢？”

我说：“是因为不想和相爱的人走散，如果不结婚，就很可能会走散。”

他又说：“结婚了也会走散啊。”

他一定没有想过，如果真的走散了，说明原本相爱的人，那时可能已不再相爱。那时的他们早已成为两个世界的人，一个已不再欣赏舞蹈，一个还在爱中跳舞。

老板，来一份变态辣的麻辣烫

小衬衣是典型的北京男孩，吃火锅能吃三碗麻酱，但只要一点儿辣，他就能夸张地跳起来：“哎呀，老板，要人命呢！”

结果，小衬衣考到了成都的一所特别好的大学读了书，喜欢上了成都的天气、姑娘、高山、美景，却不能接受成都的美味，太辣。

他说自己唯一爱过的女孩就在成都。那时是在图书馆，她抱着一本《未来简史》，低着头看得很认真，阳光洒照在她身上，午后那么静谧，她又是那么美丽，脸上的绒毛在光的抚摸下，又调皮又可爱。小衬衣正在听那首《不及》，歌词唱“那我想带你去看辽阔海洋，那里没有松柏幼秧，没有雪满山岗，那里却处处都有鸟语花香”。

《未来简史》恰好是小衬衣着急要找要用的书。

夏小杨抬起头，她的右眼皮上贴了一张白色的小纸条。看到他很诧异，她笑着说：“在我们家那边，右眼跳灾，如果在眼皮上贴一张白纸条，代表白跳了，懂不？”

小衬衣“哼”了一声，说：“您那么迷信，干吗离开东北？”

夏小杨说："这你就不懂了，我是来宣传东北传统文化的。"

小衬衣说："哎呀，要想文化不流失，您就必须得根扎在东北啊。"

夏小杨不理他，他却继续说："你知道《未来简史》在讲什么吗？基因掌握了人类以后的发展，以后的人类想要什么样的后代，比如漂亮点儿、健康点儿、有才华点儿，都可以提前在基因上改造。你这么迷信的人，居然看这本书。你还是给我看吧，我还能让它发挥余热。"

夏小杨拿着书往前走。或许是出于好奇，或许是出于好感，小衬衣紧紧地跟在她后面，自报家门："我大二，学生物的，想请你边喝咖啡边一起看你正在看的书。"

夏小杨说："我看你懂很多啊，没必要再看这本书了，它对我的价值更大。"

那天，夏小杨并没有跟他去喝咖啡，甚至没有告诉他自己的名字，只当他是一个无聊且贫嘴的人。因为那时她有很喜欢的男朋友，是学校和法国的交换生，现在在法国读书，她很爱他。

小衬衣在后来知道这个消息时，依然斗志昂扬。年轻时，每个男人都以为自己可以得到心爱的姑娘。和一个异地的男人相斗，他还是有信心的。这个姑娘就这样走进了他的心房，他自己也没有想明白爱情为何来得这么快，又如此毫无头绪。

他唯一能做的，就是每天都会在固定的时间，来到图书馆等夏小杨，有时会遇见，有时很久也不会遇见，但他并不失落。

小衬衣后来才明白，平日里人狠话不多的他，第一次遇见夏小杨时说了很多话，可能当时就喜欢上她了，只是自己并不知道。那时多么年轻啊，喜欢一个人根本不需要那么多理由，只是多说了几句话，就觉得对方是与众不同的人。

小衬衣每天都在等夏小杨，煎熬又漫长，就像夏小杨在等那个留学的男孩一样无望。

毕业那年，小衬衣坚持认为夏小杨是最适合自己的姑娘，天平另一端的夏小杨也等来了身在法国的男朋友提出的分手消息。男朋友决定继续留在法国读书，劝夏小杨也找到自己的梦想。可那时，夏小杨的梦想就是一心一意地爱他。

小衬衣终于等到了机会，夏小杨就这样成为他的女朋友。为此，他拒绝了家人的安排，为了陪夏小杨，决意留在成都工作。

他们应该有过一段幸福的时光，夏小杨好像笑得很开心，小衬衣为了让她开心，费尽全力。有时他也会觉得累。据说最好的爱情，应该是彼此身心的舒展和接受，小衬衣却时常感觉到夏小杨的抗拒。

比如，他曾建议她：“跟我回北京，我的家人都在那里，我们会过上很好的生活，不必在成都漂泊。”

夏小杨却说：“我喜欢这个城市，不喜欢北京的天气，尤其是冬日，更是难熬。”

小衬衣开玩笑地说：“没看过北京的冬天吧，雪一下，整个城市一片雪白，特别美。”

“可我并不喜欢雪。”

小衬衣遵从了她的意愿，可又觉得她之所以不肯离开这个城市，多半是在等一个人。

一年后，夏小杨考上了研究生，要前往武汉读书。小衬衣跟着她到了武汉，无时无刻不陪着她。为了她，他从一个什么也不懂的男孩变成了一个会做饭、会煲汤的好男人。他特别喜欢读书，每读一本书，都要给她讲一个故事。

拥有的时候，夏小杨并不曾珍惜过，她甚至很残忍，可能她知道他是离不开她的，而她却是随时可以离开他的。

又过了一个秋天，小衬衣跟夏小杨求婚，她拒绝了，理由是等研究生毕业后再结婚。小衬衣又等她到她毕业。

毕业那年，夏小杨被保送到了法国读书。走之前，她不敢正视小衬衣的眼睛。

小衬衣却说：“这是你的自由。我会等你的，等你回来。”

小衬衣这一等就是三年，结果并没有如他所愿，她留在了法国，嫁给了那个她一直喜欢的男孩。小衬衣回到了北京，开始了自己的人生。他历经的痛苦、折磨、不堪，是每个深夜里痛哭的人都走过的路。小衬衣最难过的时候去了冰城，把手放在冰上，一直等它冻僵。可是双手冻僵了，心依然很痛啊。

有段时间小衬衣很怀疑人生，自己居然是这么痴情的人。如果痛苦是一瓶酒就好了，直接砸碎它，一了百了。

多年后，小衬衣订婚的前一晚，突然接到了一个微信的加好友申请，是夏小杨。他通过了她的请求，和她聊了很久，才得知她到了法国，虽然顺利地与那个男孩结婚，但也很快离婚了。现在她孤独一人，并不渴求他的原谅，只是想和他聊聊天。

他听到了这个故事并没有伤心，只是惋惜为何会有这样的结局。本来，假如她愿意选择他，是可以过上好的生活的。现在的他已没了当时那种为了爱奋不顾身的冲动，内心翻滚的是深深的遗憾。

在年少时，我们以为会和自己所爱的人一直走下去，哪怕前路坎坷，皆是未知。

可能人的一生，就如一个作家所言，无非是在做两件事，一个人的时候练习生活，两个人的时候练习去爱。可我们并没有学会爱，反而一直被误解、被伤害。

“练习期”的生活就是这样，我们不仅要活在当下，更要明白可能随时会和喜欢的人分别。爱的时候，用力去爱身边的人，当爱不在的时候，也要学会及时抽身。

当年的他究竟爱她的什么呢？或许是她的努力、她的青春、她的美丽，爱她像梦一样遥不可及，又像邻家女孩一样，就那么微笑着歪着脑袋看着他。他努力地想抓住她，她没有挣扎，没有反抗，却永远也不会属于他，这才是最可悲的。

走到最后我们才明白，所有人的生命中都有遗憾的错过，但只能带着希望继续走下去，假装也好，逞强也罢，只想走得更好，让那些没有珍惜的人后悔。可小衬衣从未想过让夏小杨后悔，毕竟对他来说，她曾是他全部的珍爱，他只希望她过得好。

和她结束聊天后，小衬衣一个人来到一家麻辣烫馆，对老板说：“老板，请来一份变态辣的麻辣烫。”他一边吃一边流泪，眼泪顺着面颊流到碗里。

恰好未婚妻给他打电话，他对她说：“变态辣果然很辣啊，我眼泪都辣出来了。”

而他心里知道，这是夏小杨最爱的辣，成都的辣。那么，从不吃辣椒的他，就此告别吧。

不只是可爱，你还能拥有很多面

许多女孩子，尤其是年轻的漂亮女生，总会有一个误区——觉得自己生来美丽，想得到一些东西，自然要容易得多。比如可以依靠眼泪，可以撒娇。

当一个女孩很小的时候，她所有的情绪，不管是愤怒、抱怨、开心、撒娇，其实都是很可爱的，因为她不需要为自己的行为付出代价。

可一个成年女人的所有行为，都带有社会属性，她的言行举止，她做事的态度和方法，直接影响着她的气场，和周围人的认可度。

随着年龄的增长，会越发认为之前的自己太傻，分不清真正的可爱是什么。

真正的可爱，不是言语撒娇的小女孩模样，也不是穿上公主粉的美丽衣裳，更不是偷偷拿珍贵的时间去换取不等值的爱情。可爱是骨子里对某样东西的坚持，对梦想的付出，对身边的人的宽容，它是一个很综合的美好的词，千万不要认为它只是撒娇、索取，或者是无理取闹。

我特别好的朋友张淼是一个很好的男生，他很喜欢前女友，每次回忆她，总说她很可爱：表情、衣着打扮、喜欢的东西，都很可爱。

既然他如此喜欢她，为何又要放手呢？

张淼说，她是一个很可爱的女孩，这种可爱需要别人的保护、牺牲、退让，以及有耐心的爱。他给不了那么多关注，也无法那么隐忍，最终还是和她分开了。

直接导致他们分开的一件事情，是有一天他工作到很晚才回家，而他的女朋友却说想去旅行。他劝她再等一段时间，等自己的项目结束了再去，他现在的时间太紧张了，每天争分夺秒地干活。

女朋友却偏偏要那个时候去清迈旅行，于是，她偷偷买了票，自己一个人去了。

在她去旅行的路上，张淼很担心。不料，张淼在项目进行到最后的冲刺阶段时，累得病倒了，住进了医院。躺在病床上，他多么希望女朋友在身边陪着。

她却没有。不仅如此，她还在朋友圈晒了自己去哪些地方游玩，并将一些照片发给张淼看。那天，朋友圈几乎被她的旅行照片刷屏了。

她撒娇地说："我之所以选择最近旅行，是因为我的生日到了。你要是在意人家，就来清迈看我。"

张淼叹了口气，放下手机，他才觉得世界清静了。在病床上，他想了很多，自从女朋友和自己在一起后，就辞职了，专心照顾他。他一直鼓励她考研，她却没有认真准备过。可能是距离太近了，他现在再来想她的优点，可能就是会撒娇，言行举止很可爱。

悲哀的是，也只剩下了可爱。

我之前在知乎上看过一个帖子，标题是"我们为什么会放弃一个可爱的女孩"。看到一个男人说，不是不爱，而是不敢继续去爱一个只有可爱的女孩。因为可爱同时会与任性、不懂事、不体贴这些词语并列在一起，成为一个女孩身上的标签。当我们越来越靠近现实生活，才会明白踏实、可靠是多么优秀的品质。它可以让人依赖，有安全感。

所以，女孩们，不要把过多的时间放在其他人身上，一定要多看向自己。不妨准备一个笔记本，每天都想想这一天的过失，再写写要提升的地方。

我经常收到女孩的求助留言，多半是给我讲一个故事，让我分析男朋友还爱不爱她，或男朋友提出分手的原因是什么。真相很简单，要么是女孩没有时长提升自己，对男朋友的吸引力下降了，他的目光自然会被其他女孩带走。要么是女孩把过多的时间都放在平衡一段恋爱关系上，却没有把重心放在自己的成长上。

女人最好的武器，就是不断地鞭策自己，不停地修葺掉身上的缺点，保持积极向上的热情，往前走，你会吸引到和自己同频的人。那时，你自然不会为不同频率的人伤怀，因为你没有时间去讨厌别人。

我的一个刚毕业的新同事特别可爱，说话软软的，表情萌萌的。虽然不是一个部门，但真的很喜欢她身上那种和风细雨的感觉。

年会的时候，我特意和她一起表演了节目，邀请我的钢琴老师弹钢琴，我和她唱歌。练习唱歌的时候，我才发现她的可爱真的让旁人很累。她一边玩微信，一边看歌词，练习的时候不用心，唱歌的时候跑了调，根本不在状态。

钢琴老师批评她的时候，她喜欢撒娇、卖萌，说话也很幽默、很好笑。钢琴老师上一秒还在生气，下一秒就会被她逗笑。我们一直练习到年会表演节目，这首歌她还是没有学会。其实她真的很漂亮，打扮时尚，言行举止也很可爱，但总觉得这种可爱更适合用在恋人或亲人之间，放在工作上，总有一种违和感。

毕竟，女人的美有千万种，可爱只是其中一种。或许有人会说，我们天生就是可爱多，没办法隐藏。但若你身上真的只有可爱，你身边的人一定很累。

在HR招聘的时候，永远有一个规则，同等条件下，他们会选择那个看起来可靠的人，而不是外表漂亮、表情丰富的人。后者更容易是表演型人格，很多东西都不可预期。

我跟一个女孩阿囡去日本旅行。路上，她一直让我帮她拍照，每次我不配合的时候，她都会撒娇："求求你嘛，人家需要你啦！拿出你的爱心和耐心！"

那次旅行结束后，我最大的印象，就是在帮一个不停地撒娇的姑娘拍照，以及买了几件衣服，除此外，再无其他印象。

她也感慨："娜娜，你人真的很好。之前在路上，都没有人愿意帮我拍照、拿东西。"

我说："所以你一定要改变，以后的路上，能帮你的人会越来越少。因为很多东西不是靠撒娇就能得到的。"

或许会有人反驳我说，这个世界上最缺少的是可爱的女人。

比如，林语堂翻译《浮生六记》，在序言一开始就这样写："芸，我想，是中国文学上一个最可爱的女人。她并非最美丽……我们只觉得世上有这样的女人是一件可喜的事。"

陈芸就是沈复两小无猜的妻子，书中也称她为芸娘。她的可爱自然无人可敌，但我们深入地去读这本书，会发现芸娘懂很多——她长于女红、烹饪、花艺、园林设计、DIY各种家装饰品、品诗论赋，也长于伺候公婆。

仔细看看，芸娘懂的东西，每一样都需要学习和修炼自我。在她善于做的所有事情之上，可爱只是她性情上的吸引力，试问，谁不会被这样的她吸引呢？

再想想，我们去看一些名画，画作中戴珍珠耳环的女孩、微笑的蒙娜丽莎，这些女人都很美，很神秘。她们的价值不仅仅是美，而是这些画背后的画家的地位，以及他们赋予了她不同的背景故事，这些名画才显得格外珍贵。

我们外在的一切可爱、漂亮，只是女人身上的一部分。要想成为更吸引人的、更有价值的、更有魅力的女人，一定要很多方面都很优秀。我们不妨去做让自己变得更好的事情，去靠近比自己更优秀的人，去看更广阔的世界，以此来拓宽眼界。

我一个大学同学，现在已是一家配饰设计公司的老板。在这之前，她是公司的金牌销售，虽然每个周末都双休，但她从未休息过。周末的时候，要么是忙着进修，要么是忙着和比自己优秀、强大的人聚会。而且她还会定期去不同的地方旅行，看艺术展，以此来培养自己在设计方面的美感。

她真的很漂亮，也很可爱，但接触久了，你会发现她身上有更为坚韧的东西，深深地吸引你。那就是她对自己严格的要求，她强大的学习能力，她对别人的宽容，以及她对生活的无限热爱，她从不抱怨，总是微笑，偶尔有些忧郁，但不会沉浸其中。

所以，直到我们拥有许多面的时候，才发现，或漂亮，或可爱，或才华横溢，不过是一面而已。

没有钻戒，你结婚吗？

豆瓣上有个帖子：没有钻戒，你会结婚吗？

有人回答："我肯定不会，结婚要有仪式感。钻戒和盛大的婚礼，是对方给我的仪式感。如果他连钻戒也不准备，既没有诚意，也不能让我感受到在意。"

也有人回答："我不在意，毕竟钻戒不能代表什么，和幸福无关，也和在乎无关，在真实的生活里，对方对自己的迁就，才是真实的爱。"

在我看来，钻戒是整场婚礼比较小的环节，很多婚庆公司，或者是拍婚纱照的影楼，都会送款式好看的银戒指。人们之所以把它看得比较重要，大多是因为有个交换钻戒的环节。其实，两个人如果商量好了，不买钻戒，日后不要抱怨。如果决定要买钻戒，一定要好好珍藏。

我有个好朋友叫小布丁，她让先生给她买了钻戒，价值五万多。她认为先生是金牛座，平日里特别抠门，让他多给自己花点儿钱，挺好的。

更何况，钻戒还可以增值，以后不喜欢这个款式了，还可以去置换新的。

我真的觉得她的想法是很好的，可惜有一天她出差回来，心血来潮，想看看钻戒，却发现找不到自己的钻戒了。于是，她和先生两个人坐在沙发上，仔细回想最后一次看到钻戒到底是什么时候，两个人化身为“福尔摩斯”，结果，依然找不到任何线索。

最终，两个人大吵一架，先生怪她太马虎，她怪先生不够爱自己。不然，他怎么会更在意钻戒，而不在意她的感受。

她的先生更是暴怒：“你才是那个坚持要买钻戒的人啊！”

“那现在丢了，你再给我买一个不就好了吗？”小布丁抬起头。

两个人不欢而散。小布丁来找我说：“早知如此不买了。为了证明对方在意我和我们的感情，才买了一个隆重的纪念品，到最后，却发现我们更在意这个东西的价值，岂不是很可笑吗？”

不是可笑，而是最初的爱的证明，比不上这真实生活的点滴吧。美好的感情在落地的时候，越是被包装完美的部分，破碎的速度越快，也更直接。

我有一个姐姐，索性就没有举行婚礼，自然也没有要求对方准备钻戒或其他贵重礼物。姐姐说自己不喜欢婚礼的原因是自己不喜欢热闹，也不喜欢被瞩目。

但她其实很喜欢参加别人的婚礼，只要收到邀请函，就一定会参加。每次婚礼，她都会流泪，比对方的家人还要投入。

有一次，我们一起去参加了一场婚礼，姐姐自然又是泪如雨下。

我问她："姐姐，你会为没有举行婚礼而后悔吗？"

姐姐回答："有时候想想也会后悔，但大多数情况下，我不会。我会想象自己的婚礼是怎样的，有些东西，留一些想象的空间，也很美的。"

她的回答，我一直记在心里，我那时就在想象，自己结婚的时候，会是怎样的场景。一次，我去了三亚讲课，来到海滩，看到了一场草坪婚礼。那时想过，如果我结婚，应该是和新郎举行海边的草坪婚礼吧。随后，我们俩与亲人告别，坐上船，漂流到一个未知名的岛屿上。

所以，去年徐先生和我商量婚礼的时候，我说了自己的想法。他哈哈大笑，说："你真把自己想成鲁滨孙了，结个婚还来个漂流。"

最后，我们在他和家人的安排下，举行了一场在我看来很隆重的婚礼。虽然，我们准备的时间很短，也很仓促，有许多不完美，但那已经是我们共同努力的结果。那一天，我终生难忘。

我看到姐姐在台下流泪，也流泪了。再转头看我的父母、亲人，大家几乎都是泪眼蒙眬。其实那一刻，所谓的钻戒、仪式感，真的没有那么重要了。最重要的是，在你生命中最重要的一刻，你生命中特别重要的人都围绕在你身边。他们在乎你是否幸福，以及你的感受。

我暗暗在婚礼上发誓，自己以后要更努力一些，要对他们更好一些，不要让他们失望。

我婚礼的时候，也没有准备钻戒。婚礼前，徐先生带我去了婚戒定做店，特别明亮的店面，彬彬有礼的导购说："我们的戒指，男士一生仅能定做一枚。"

我还曾私底下偷偷问过徐先生一个愚蠢的问题，那这个男士离婚了，但他未来的新娘还是喜欢这家店的戒指，他应该怎么办呢？

徐先生说："所以定做这枚钻戒的意义就在于此，那就是独一无二。"

我选了一圈，试戴了所有的钻戒，最终却没有定下来。钻戒，它只是一个商品，闪闪发光，璀璨漂亮。有一瞬间，我突然在想，自己拥有它之后呢？我又不会经常佩戴，又经常丢东西，就连我特别喜欢的珍珠项链基本都被我丢光了。

对于我这个马虎的人来说，最重要的东西，是要印刻在心里的。

我拉着徐先生头也不回地离开了。他问我："为什么不定做呢？女孩子都要定一枚，才有意义。"

我说："因为我是独一无二的女孩啊！以后你飞到一个国家，或旅行到了一个城市，你看到特别的东西，再买给我吧。我希望自己拥有的东西特别有故事感，而不是陈列在高档的商品柜里的一个被重度包装的东西。"

后来，我读到三毛的《撒哈拉的故事》，看到她和荷西结婚的那个章节。整场婚礼简单、朴素，是两个人联手准备的。结婚当天，他们花光了所有的积蓄，但依然很开心，因为荷西有一段时间的婚假，他们可以开车去旅行了。三毛穿着简单的婚纱礼服，头上戴着荷西采摘的鲜花，并无什么首饰，或贵重的东西。

因为最贵重的东西是他们的爱。

午后，人群散去。荷西和三毛安安静静地坐在一个破旧的木船上，他们要一起看日落。三毛觉得自己的内心平静极了，她特别幸福。这种感觉一直延续到荷西去世，她每次怀念他，只有一种感觉，那就是幸福的平静。

所以，结婚的时候，有没有钻戒并不是重要的。最重要的是，你怎么看待自己的爱和爱情。

先保护生命，再热爱自由有多重要

我去一家咖啡馆采访馆长三哥，听他讲了这样一个故事。

之前这个咖啡馆的馆长是个女孩，我们暂且叫她樱子吧。她是射手座，生性酷爱自由。一个夏天，炎热的下午，她看了一场电影《走出荒野》，被电影里的太平洋山脊步道深深吸引，梦想要走遍全程。于是，她辞掉了工作，来到了太平洋山脊步道的起点，开始徒步旅行。那年她28岁。直到徒步第85天时，樱子在途中溺水身亡，青春永逝，生命定格。家人听闻，哀痛不已。

听完这个故事，我的心也很痛。28岁，一个特别美好的年轻生命，就这样被一场意外带走了。她留下了很多诗歌、文字、故事。读来纯粹感人，用心至柔，用情至深。

她的照片被挂在了咖啡馆的角落，很多朋友还在怀念她在的时光。从照片上看，她应该是温柔且热情的女孩，眉眼之间尽是善意。

她毕业于名校，在没有做馆长之前，曾在金融行业做到主管，每日虽然疲惫、辛苦，却也收获颇多，家人也安心。听闻她突然辞职去做咖啡馆馆长，家人虽然不情愿，却觉得她可能是太累了，不过是想换一种生活方式。

而后她一个人去徒步，直至遇难，在这期间，家人以为她还安然地坐在咖啡馆里。斯人已去，留下的故事颇多，但更多的是遗憾，让人难以接受。最受伤的还是她的家人。

我一直在想另一种可能，若她没有选择去冒险，还待在咖啡厅，为每个客人调制咖啡，专注而认真，偶尔微笑，偶尔发呆，该有多好；若她没有离开这个世界，像普通的女人一样，后来有了自己的家，有了爱人、孩子，清晨和阳光一起醒来，夜晚陪夕阳一起睡去，该有多好。

小野曾经的梦想就是自由地活着，走遍千山万水。每到周末，他都会一个人前往很多地方游玩。他却说："我20多岁的时候，一个人流浪的梦就破灭了。"他曾在云南碰到一个流浪诗人，诗人告诉他："见到人，和人聊天，是我隐居世外最开心的事。"

小野说，去野外挑战和生活，对于一个没有参与过的人，可能会有神秘感，可真实的野外生活并没有太多美感。

那次，他看了一档野外生存的挑战节目，心生向往，于是一个人前往新疆，并在那里的野外扎帐篷，黑夜里总是听到鬼哭狼嚎的声音，吓得丢魂。他整夜失眠，不敢合眼，枕头两边放了两把刀。

帐篷外面总是有窸窸窣窣的声音，他误以为是蛇，更是战栗，第二天才知道那不过是老鼠，不必害怕。而他听到的狼的嚎叫，后来才知道那不过是风的声音。

黑夜太可怕了，它几乎能淹没一切，却激发人心中最恐惧的部分。小野一次次醒来，度秒如年，这一晚的体验让他终生难忘。

他说自己可能并不适合在路上，他最想念的是妈妈做的水饺、馒头和她唠唠叨叨说过的那些话，还有他曾经爱过的姑娘和日常生活的每一天。

我之前的同事失恋了，特别痛苦，不管她怎样给对方留言，对方也不理她。为了让分手有一个仪式感，她特意让我陪她去蹦极。蹦极结束后，我问她感觉怎么样，她说根本不敢跳下去，是教练把她一脚踹下去的。

蹦极结束后她还是难过，于是又一个人去日本旅行。那年，恰好新闻里说一个中国女孩独自去日本旅行时失踪了，我当时特别担心，确定了不是她时，心里才得以放松。我劝她回来努力工作，她却坚持继续去旅行，去匈牙利，去法国。

直到有一天，她所在的公司通知她不必来上班时，她终于不再故作潇洒，立刻买了票回国。

我记得那是一个下雨天，我问她旅行最大的收获是什么，她说若再给她一次机会，她绝对不会那么做，太冒险，不仅丢了工作，还丢了自己，她很后悔。

我曾经很喜欢这句话：若为自由故，两者皆可抛。我现在却觉得年轻特别好，生命特别贵重，和一切相比，任何事都没有生命的姿态可爱。

野外生活，一个人的旅行，衍生了许多吸引人的故事，我也被感动过，也曾一个人走过漫漫长路，此时却想站在这里，对那些莽撞的年轻人说——

我们或许看过很多勇敢的故事，那些一直尝试、一直在路上的人，四处漂泊，居无定所，眼睛永远在看新奇的东西，生活也一直是新鲜的。我并不否定这样的生活方式，只是建议大家不要盲目地去做一个远行者。我甚至觉得，如果要放弃很多——包括固有的生活、友情、亲情，才可以拥有一样东西，那我们要好好思考这个东西值不值得我们去追逐。

因为，在你上路之前，其实是要做大量功课的，也要有完善的预防和应急措施。想起那年，我们在西藏自驾游的时候，如果没有朋友相助，我可能也会熬不下来。我当时患了急性肠炎，无法走路，由于准备不足，腰包里没有带药，朋友们背着我，四处向游人借药，走了很远的路，我才得以被救。

我们总是听到很多故事，用一些美的语言满足了人上路的想法，事实上，要去远行，更是一场冒险。对女性来说，危险更多。改变我们的可能只是一件很细微的事情，或是一件意外的小事，当你真的遇到时，才会后悔。

我去江西中医药大学演讲那天，一个快要毕业的男生说，实习的时候，他已经想明白了，不想去过朝九晚五的生活，那是对自己的约束，他想去流浪，去西藏，去新疆，却不知如何起航，他需要勇气，希望我能鼓励他。

我反问："你真的准备好了吗？知道流浪的生活意味着什么吗？"

大四刚刚毕业，最好的时候，你应该热血沸腾地投入生活，去找工作，去面对人生，对自己负责，最重要的是，你要对一直寄予你厚望的家人负责。即使你真的想去流浪，也该对要前往的地方的气候和文化有所了解，以及确认是否有同路人一起前往。

流浪，一定是身心成熟之后才会开始的旅行，不是意气用事，更不是肆意的自由。

世界特别大，在某一刻，让人觉得冰冷。去流浪，去挑战，去野外，去过一种冒险的生活，都是难得的体验。但我更希望你是有备而去，获得家人的支持再出发。否则，若你真的遭遇何种意外，最心痛的其实是你的家人。

不要让他们失望，更不能让自己失望。

不管你发生了什么事情，首先要珍爱自己，你才有机会获得更宽广的人生。

我还爱着你，但我决定放弃你了

微信公众号后台有女孩给我写了一封信，在信里给我讲了一个故事，并问了我一个问题："你知道放弃很爱的人是怎样绝望的感觉吗？"

我知道，我当然知道。

爱就是在微信里用心地编写了一段长长的话，想要发出去的时候，却要强迫自己停下。不是我不爱你了，而是我无法再像过去那般毫无顾忌地爱着你了。于是，我把你的微信删掉了，手机号也拉黑了。

夜晚的时候，我翻来覆去，无法入睡。于是，我拿出手机，又放下，再拿起，再放下。虽然知道是一个人的独角戏，但总会有错觉，以为爱的人还会回来。于是，我又重新加回来那个熟悉的微信，假装我们以后还可以做朋友。然后，等我清醒的时候再删掉，想念的时候再期待。直到自己彻底放手的时候，才明白被宠爱的都有恃无恐。

女孩说男人都很坏，他们永远不懂女人需要的是什么，所以，才一遍遍地伤害他们所爱的人。

我却认为如果一个男人舍得伤害一个女人，做许多让女人失望或绝望的事情，多半情况下，他不是不懂她，而是喜欢不足，也不够爱。

我因为要做一本两性情感的合集，看了许多关于情感类的书，印象最深刻的一本书是《其实他没有那么喜欢你》，里面探讨了一个观点，我很喜欢。作者说："除去他喜欢你这件事，女人要时刻认识到自己究竟是谁，因为在大多数感情中，女人最容易投入过多，患得患失。"

这本书里面有许多爱情故事，让我记忆深刻的是，一个漂亮女孩朱莉在一次出差的途中，偶遇了一个很欣赏她也很优秀的男人——乔。他们在一起度过了愉快的一周，然后分别，回到各自的生活中。本以为会就此不再联系，可一次出差巧合，两个人再次相遇。乔很激动，朱莉坚信这就是缘分。

在乔的示好和追求下，向来干练的朱莉已经计划好了，想要与他厮守一生。她打算先回到自己的城市，辞职、搬家，与身边的人告别，再搬到乔生活的地方，重新找工作。

她把自己的计划告诉了乔，却吓到了乔，他委婉地拒绝她说："我们还需要时间来了解彼此，需要再多几次偶遇，才能确定是不是真的有缘。”朱莉惊呆了，她无法想象这个和自己谈天说地的男人，信誓旦旦地说爱自己的男人，所有的追求和示好不过是谎言。

但她还是来到了乔的城市，找了一份工作，开始了新的生活，再也没有联系过乔。当两个人第三次意外相遇时，恰好是乔比较失落的时候，这一次，他如同上次一样示好。朱莉却巧妙地逃离了他，她潇洒地说：“的确，我为你动心过，可我发现你并不是我真正的爱人。我来到这个城市并不是因为你，只是想体验生活，想感受在这个城市会不会偶遇爱情。我总觉得未来的另一半就藏在这个城市里，我有能力改变自己的生活，也可以自由地选择爱情。”

言外之意便是：我所做的任何事都与你无关，你不要自作多情。我还爱着你，但我已经决定放弃了。爱是我的权利，我不想任由别人践踏这份美好。所以，我收回来了。

我十分欣赏这样酷的爱情观。

可真实的生活中，即使被爱情愚弄，即使已不被男人所爱，多数女人还是要自我欺骗，还要奋力挽回，姿态低到自己都无法相信。

我的书友小玫任性地和男朋友分手后，曾有两个月没和他联系。而后，小玫还是放不下他，又在某个夜晚给前男友打了电话。

前男友接了电话，告诉她：“我们还可以继续做朋友，我现在已经有女朋友了，她就在我身边。”

他已经告知她，她却不相信。毕竟她给他打电话的时候，他接了。对了，他还拿着她家的钥匙，没有还给她。所以，她固执地以为他还爱着她，不舍得伤害她，只是还没有考虑好要不要与她复合，不得已才编织了有女朋友这样的故事。

小玫还是用自己的方式爱着他，挽留他。一个晚上，她接到了另一个女孩的电话，对方质问她："为何总是在夜晚给我的男朋友打电话？"小玫几乎崩溃，这才认识到他并没有骗她，但她依然恨他让她产生错觉，对他有所期待。

其实他没有那么爱你，当你去怀疑一个男人的时候，直觉多半都是正确的。真正爱你的男人是不会让你产生怀疑的。这一点，我很早就认识到了，但认可它，我花费了整个青春的时光。

慢慢地，我发现最残忍的不是我们在爱情中决定放弃对方，而是即使被别人狠心伤害，我们也做不到直接放弃，转身离开。越是年轻的时候，越容易上演这样的悲剧——被爱的人有恃无恐，被伤的人反而在爱情中活得小心翼翼。

我更讨厌那些所谓的越虐心越想去爱的爱情。没有平等的交流和尊重，不会衍生出健康的爱。

王小波在《黄金时代》一书中写道："那一天我21岁，在我一生的黄金时代，我有好多奢望。我想爱，想吃，还想在一瞬间变成天上半明半暗的云。后来我才知道，生活就是个缓慢受锤的过程，人一天天老下去，奢望也一天天消失。”

希望每个在爱中沉睡、甘愿卑微的人，都能早点意识到，越是现实的生活，爱情就越需要健康的环境。

那个敢于说爱、敢于付出、敢于放弃的人，本身就是一种勇敢。

命运对我们的爱，藏在“练习期”

我对“43”这个数字有一种莫名的好感。

最爱的一本书《小王子》里，小狐狸坐在小王子的身边，陪着他看日落，看了一次又一次，内心汹涌澎湃，直到看了43次，他终于离开，小狐狸却一句话也没有说。每次看到这里，我都觉得小狐狸很傻，像风吹过金色的麦田，也是小狐狸安慰自己的傻话吧。

我读这本书的时候，还是高二。由于太沉迷《小王子》里这个故事，从刚下课读到了下一节课上课。我没有察觉英文老师叫我的名字，让我到黑板前默写单词。

她走到我的面前，没收了我正在读的书，整个班上的人都在看我。我什么都不记得了，只记得他们哄堂大笑，还有我脆弱的自尊心碎了一地。

可放学后，我还是鼓足勇气去找英文老师，想要回来《小王子》那本书，我想看完它。事实上，她是一个很凶的女人，但我想试一试。

高中时，老师会住在学校的教师公寓，于是我就去公寓门口等她。

她很晚才出现。原来她下课后，回了她妈妈的家。看到门口的我，她很惊讶。大概是被我的执着感动，她说第二天上课会把书带给我，说还会让我去黑板前默写英文单词，希望我不要再出丑。

我答应了，从那以后上英文课，我再也没有出丑过。

因为这次经历，我开始喜欢这位很凶的英文老师。

她似乎也有关注到坐在角落里的黑黑胖胖的我，会不时地在课下和我聊天，问我最近在读什么书。她居然也会给我推荐一些好的翻译作品，并让我把看过的书讲给她听。

我最初阅读的书目的确是来自她。年少时，我不懂珍惜与她交流的时刻。我现在回想起她，脑海中会不断地美化她，觉得她好像一直站在午后的阳光里，和我安静地交流她读大学时读过的一些好书。

我很挂念她，多年后还是挂念她。

我高中读书时特别辛苦，平时上课，假期和周末去学画画，可除此之外的空闲时间很是折磨人。之所以这样说，是因为来到北京学画画的女孩们都光鲜亮丽的，她们讨论的话题，喜欢的事物，和我完全是两个世界。我完全融入不进去，直到我在一个角落找到了自己的归属感，那就是图书馆，也因此我看了很多书。

后来，读了大学，我一个人在画室里画画。我在画一个牛头，画了很多天，一直不满意，有些沮丧。

不知何时，一个男孩跑来，站在我背后很久，突然说了一句：“你画这个马头很美。”

我无辜地回答自己画的是牛头。

他立刻给我道歉：“我说的不是像不像的问题，是那种色调的和谐。”

那一刻开始，我觉得他很酷，很有见地，莫名喜欢他。

西南交通大学当时有法国的交换生，他因成绩优秀，被交换到法国读书，他遇见我的时候，恰好是出国前。

我表白了自己的心意，他却拒绝了我。他说，假如我能给他写100封信，他就答应和我在一起。

可当时我真的不知道写什么，只好把我看过的书写成故事，用邮件的方式发给他。记得当时他也会回我的邮件。我写到第43封的时候，突然间没了力气，不愿再写，一段朦胧的好感就此止步。

可能我对爱的耐心只有43封信那么久吧，可我明明记得放弃时，我还拉大学室友去吃冷锅鱼。她吃了一颗黄豆，崩掉了半颗牙。我特别恐慌，慌张的感觉压过了失恋的痛苦。

直到今日，我还是很感谢他，若没有最初给他写100封信的约定，我不会去看那么多书，更不会煞费苦心地把很长的故事，用自己的方式写下来给他看。十年后，我成为读书会的一个阅读推广人，我要做的工作，就是把自己看过的书讲给别人听。

我真的很喜欢这份工作。其实命运明明早在这之前，就开始让我练习去讲故事，去写作，去感受，只是当时的我并不知道。走在那条路上的我，有时还会怨恨为何是我去经历那痛苦。

后来，一家出版公司有意向和我签约一本小说，编辑问我想写哪方面的内容，我说想写一个很青涩、很美好的故事，《第43封分手信》。

后来我和编辑讲起了自己的经历，说起我曾经历地震，一个男孩如何在地震那天，在整个城市交通断流的情况下，步行了2小时48分钟，只为给我送一个带指南针的哨子。以及我曾如何努力去靠近一个喜欢的人，坚持喜欢了他两年，写了43封信……

编辑因此特别感动，当时就决定签下这本小说。

那时我在北京，恰值冬天，我走过MOMA艺术街，天气特别冷，却丝毫感觉不到，被认可、被肯定、被相信的感动，终于化成了泪水。

我开始相信每个人都有一段很长时间的练习期，一个人的时候，练习怎样去生活，两个人的时候，练习怎样去爱，去理解，去付出。

只是命运让你练习这些的时候，它并不会告诉你，在后来的生活中，它要送给你怎样的礼物，让你的人生得到怎样的嘉奖。

感谢那些过去的经历，让我懂得了爱，懂得了什么才是最好的，以及怎样的是最适合自己的生活。我年轻过、热泪盈眶过、冒失跌倒过、被人嘲讽过，一个人走过风雨，也曾陷入无尽的绝望，但我走过来了。

当初我正在经历的时候，曾怨恨尘世不公，可走到现在，我想，所有过去的一切，以及当下，都是一种人生财富的积累！

假装情侣，只有我动了真心

豆瓣有个小组很有意思，叫“假装情侣”，关注的人数有十五万之多。我刚刚关注了这个小组，就有个男人“豆邮”我，问我是不是写故事的人，并说他想给我讲一个爱情故事，一个让他十分悔恨，却无法挽回的爱情故事。

他说自己叫周祺，喜欢上一个女孩叫茉莉。她的名字可能不叫茉莉，这只是她和他相恋的时候的名字。直到失去她之后，他才开始好奇她的一切。

确切来说，他是失恋了，虽然他和茉莉只是假装情侣。

他说自己并不是坏人，现在创业赚了一些钱，刚买了房子，可惜丢掉了爱情。

他总是时不时地留言，有时畅所欲言，有时遮遮掩掩。我知道他只是想找一个陌生人说话，然后让这段爱情消亡。这个世界每天都有那么多人遇见或是分手，我们能为一个人难过多久呢？

他问我，在这个流行快餐爱情的时代，三十岁的他，还在为一段逝去的爱情而患得患失，是不是太“丧”。更何况，最初，他们只是假装情侣。对，他们就相识在豆瓣，就是这个“假装情侣”小组里。

他们虽然是假装情侣，却做了许多情侣也没有完成的事情。

记得茉莉曾上网买了一个本子，叫情侣必做的一百件事情。他们每做完一件事，她都会认真地记录在本子上。他和她约定，等做完这一百件事情之后，他们就分手。他们一起坐了摩天轮，一起通宵看过电影，一起去旅行，一起做过饭。他们做过的最浪漫的事情，是她照着他的照片给他画过画。这幅画，至今他还珍藏着。

最初，他们就像单纯而快乐的孩子，只是想给彼此留下一段有关爱的记忆。

相爱的人最终不一定要在一起，女孩常常这么说。他也并未当真，工作忙碌的时候，常常忘记茉莉的存在。但是他每次联系她的时候，她都能及时出现。

有时候，他们也会吵架，最终都以女孩泪流满面收场。

他最后一次见到她是在圣诞节，下雪了。茉莉笑着说：“我们终于完成了一百件事情，这段爱情要结束了。”

当时他们走在国贸，他甚至没有勇气问她，以后是否还会记得自己。最终，他终于有勇气敢对着她的背影喊：“我们可以不再假装情侣吗？”她也只是回过头对他笑笑，很快融入人群中。他心想，她一定是没有听到，所以才没有回应吧。

可之前他陪着茉莉去试穿衣服的时候，店员明明夸赞他们真相配，她一脸暖意地微笑着。一想到这些，他甚至都怀疑那些是否真实发生过。

这是一段爱情吧，来到的时候很随意，离开的时候也没有故意。在这随意和故意之间，是只有他一个人失魂落魄吗？他得不到答案，想再联系她的时候，发现她已经彻底消失了，没有道一句告别，没有正式地说分手。

周祺三十岁，她二十四岁。彼此没有说过喜欢或爱，就像地铁上的乘客一样，彼此陪伴着走了一段路，完成了一百件情侣要做的小事。

好多时候不都是这样吗？我们开始对一个人说早安、晚安，开始对一个人好，过一段时间，我们不再坚持互道平安，不再联络，世界里不再有这个人，假装彼此从未拥有过彼此。

有时，人生就是平静的湖面吧，石子落下，荡起层层涟漪，但最终还会回归平静。

可是，他特别怀念和她在一起的时光。仔细想来，茉莉对他很好，真的很好。她每天都会分享给他好听的歌曲、她拍的照片、画的水粉画。她性格安静，正在努力学做饭，可惜做不好，每到这个时候，男孩就说自己的前女友做饭很好吃。

茉莉赌气般想学做饭，把厨艺提升，为此下载了美食APP，跟着别人学习做饭。可每次吃饭的时候，她将食物端上来后，他还是会说怀念前女友，像是认真的玩笑。

女孩都认真地听到了心里。他一直在想，是不是因为自己总在说前女友的事情，从而影响了她和自己的关系。事实却是，他们只是假装情侣，谁认真谁输掉。

周祺问我，在这场爱情中他到底得到了什么。

我反问他："如果再给你一次机会，愿意和茉莉真正在一起，并且去想以后的生活吗？"

他点头又摇头，说："失去的时候想过要结婚，要拥有。再仔细想想，又觉得彼此陌生得可怕。我还年轻，不想被婚姻困住，但又想有个人陪着。"

我们都在寻找破解孤独的方式，有的人旅行，有的人工作，有的人奔跑，还有的人选择独居，用一种孤独抗衡另一种孤独。这个世界上存在"荣格"的小屋，一个伟大的哲学家在极其简陋的房间里，每日思考、工作，避免与外界接触，防止自己的生活被打扰。我知道有一本书叫《瓦尔登湖》，记录了梭罗这个美国超验主义作家，在瓦尔登湖畔的一间木屋里过起了自耕自食的生活，他所居住的地方，周围没有人居住，他必须依靠自己的双手和劳作来维持自己的生活，就这样，他生活了两年零两个月。

可能这段飘忽不定的爱情，就是周祺对抗孤独的方式吧。当一个人的生活是丰盈的，谁也挤不进去，而孤独却会让人的生活有一道缝隙。

只是可惜，在周祺和茉莉假装情侣的时候，只有周祺一个人动了真心，另一个人却早已蓄谋离开，并未专心对待。可另一方面，最幸运的也莫过于此，因为只有周祺因此完整地享受了爱情的甜蜜。

你有什么样的标准，就会有什么样的收获

我一个同学喜欢摄影，大学毕业后，她没有找工作，当上了自由摄影师。她免费给一个摄影师当助理，算是交学费，除此之外，她还要租房、生活。有一两年，她特别辛苦，不仅住过小小的隔间，还蹭住过亲戚家、朋友家、同学家，她经常搬家，却从未抱怨过。

等她在摄影方面有些心得了，没有人给她当模特，她开始找身边的朋友当模特，没想到她想拍的第一个模特就是我。

她特意从杭州跑来上海给我拍照。我们走在街头，她让我做一些动作，配合她的要求。有时，我动作不到位，她会反反复复地要求我。

我看了一下照片，觉得每一张照片都差不多，何必要用不同的表情、动作拍那么多。太折磨人了，很累，我想放弃。

她却说："我拍照是有标准的。看似相同的照片，细节其实有着很大的不同。如果我现在敷衍，不拍到最好的一面，这种思维模式注定我成不了优秀的摄影师。而我的标准就是要成为一个负责的、有品

位的摄影师。”

我看着她在拍照的过程中，为了拍一张好的照片，躺在地上，或站在高高的椅子上，专注的样子很美。再看她拍出来的照片，每一张都特别好看。我那时对她说：“你以后一定会成为出色的摄影师，因为你有标准，有要求，也有责任心。”

青年作家赵星说：“想做成一件事，最怕的不是没运气、没钱、没伯乐，而是开始就对自己没什么要求。”的确如此。

现在的她已是很有名气的摄影师。我再次约她拍照。拍照时，每一个造型、场景、发型，包括眼影的颜色和场景是否搭配，她都要较真地对比，比以前更谨慎，更用心。

我说她：“你都拍那么久了，要学会放松自己。”

她却说：“不能放松，因为我的标准更高了。”

我刚认识徐先生的时候，他是一个“完美主义先生”，用他自己的话说，他想做一个对自己有要求的人，并享受有些要求的生活。

而我却是一个“差不多小姐”，对许多事情不挑剔，也没有特别多的要求，也不想强迫自己去做不擅长的事情，虽然谈不上得过且过，但对自己很宽容。差不多得了，是我的口头禅，也指引了我的生活。

从表面上，我这个差不多小姐真的很好相处，我从不主动要求他什么，或批评他。他这个完美主义先生却让人有些心烦，他有些挑剔。

比如用手机拍照，在我看来就是一件很小的事情。

我品尝到了美食，就会胡乱拍一张，告诉他我现在吃的这个东西很好吃。我用文字形容得很美好，照片却很惨淡。他会告诉我："你可以试着从不同角度来拍你喜欢的东西，找到最美的角度，有点儿耐心，有点儿标准，把小事做好，你的审美会慢慢提升，拍照也会越来越好看。"

再看他拍的照片，他想告诉我天空很美，就会拍窗外的云雾、星光给我看，每一张照片都很美，梦幻又浪漫。

于是我拿出画笔，照着照片画水彩画，画蓝色的天空，画云朵，画密密麻麻的房子。画到一半时新鲜感过了，略觉枯燥，就被其他的事情吸引走了，于是，将画笔搁在旁边，我就不画了。

徐先生来看我，先是赞美我画得挺好，后问我怎么不继续了。我只好说去做其他的事情耽误了，不想画了。

其实，这也是我最大的缺点，做事到一半，就不愿意继续，很容易被其他事情打断。同时我又很贪心，喜欢一下做很多事，每件事都有点儿半途而废的意味。

再来看徐先生工作的样子，我真是由衷地敬佩他。

徐先生是飞行员。他有一个厚厚的笔记本，每一次起飞前，都会温习起飞和降落的跑道，哪怕他已飞了多年，每次还是会认真准备。他明明已经熟悉到会背诵，还是会看一遍又一遍，把每一个细节都了然于心。

他的时间观念很强，每次做事前都会认真计算时间，真的是从未迟到过。或者可以说他本身不允许自己迟到，以这个标准来要求自己时，做任何事都会有紧迫感。

他认真地对待自己的爱好，一次，他和别人约好打篮球，其他人却没有来，他就一个人练习投篮，也玩得不亦乐乎。我为他不值，他却说："没什么，我来也是练习打球的，至少自己没有遗憾。"

在他的感染下，我也放弃了"差不多得了"这个理念，开始享受对自己有标准的人生。毕竟，当你开始对自己有标准时，你会对自己有要求，有期待，你会开始明白哪些是你必须要做好的，哪些是可以忽略的。好像生活一下清晰起来，把握你所拥有的，放弃你不能改变的。

生活由繁至简，不再是差不多得了，而是我一定要完成自己的目标，那是我想要得到的人生。

我不想再偷懒，不愿再迟到，不能再生活得稀里糊涂，更不可以为每次的拖延找很多借口。我也早已意识到，我们从工作和生活中偷来的闲散，终究会让我们用更多的精力来弥补。

对自己有些标准，当你去挑战一件事时，尽自己最大的能力去做，一定先做到自己满意。如果自己不满意，不妨试着再修改，再完善，越是完美的东西，越是需要精雕细琢，越是需要有标准。

对自己有些标准，不遗余力地做，享受过程，把每一个细节都做到你眼中的完美，会让结果更完美。

早一些起床，记得吃早餐；早一些入睡，记得睡前听音乐、做瑜伽。记得提前完成工作，记住准时如约赶赴每一个约会，完成每一个约定。走好脚下的每一步，因为它也是人生重要的组成。

最终，你会收获精致的生活和出乎意料的结果，你也会爱上你有些标准的人生态度，以及你为挑战每一个标准所做的准备。

但行好事，莫问前程

我长大以后，依然会将问题想得很简单，不会把人想坏，对人和事物都保有一种乐观的天真。虽然这种乐观有时显得那么盲目。

遇见街头拾荒的老人，我会和他们约定时间："我家有一些东西，你可以在这里等我半个小时吗？我去给你拿。"等我从家里拿过来这些东西时，老人已不见踪影。我又拿着许多东西回到家里，妈妈总会笑我傻。

还有一次，街头有一个女人借我的手机一用，说是刚刚和老公吵架，走散了，没有带手机，现在找不到老公了。

我手机刚刚借给她，她拿着手机就跑，幸好有旁人相助，我们才追上了她，拿回了我的手机。他们对我说："你可要小心点儿，千万别相信这些人。"

虽然日后我会比之前多了一些警惕心，但有很多事情都是意想不到的。

记得微信上有一个男孩，每次过节日，都会祝福我节日快乐，有时也会问我一些生活或感情的问题。时间久了，我就记住了他，后来，他也建立了微信公众号，发表一些文章。

有一天，我接到了一个投诉的后台通知，说是我的文章被别人标成了原创，看到被投诉的那个人居然是他。我前去质问他，他却说让我找他的律师，我说那你把律师的电话告诉我，他就直接拉黑了我。

经历过多次类似这样的事情，我好像也慢慢丢掉了最初的耐心。有时，看到微信公众号或微博上其他人的求助，也常常在想自己的心是在哪一个瞬间变得无比坚硬，即使看到求助，也不知如何安慰。

后来，我去帮一个朋友，也是一个女作者，主持她的新书活动。

她说起自己的爱情故事，她有个男朋友，当时已经订婚了。双方父母都很满意这门亲事，也定下来了结婚的日期。她每天下班后，就会购买各种结婚所用的物品，幸福满满的感觉。

快要结婚的时候，有一个女孩自称是她未婚夫的前女友，控诉了他花心的恶行。

这个女作者才了解到，原来未婚夫和自己订婚后，还和其他女孩交往。看着他和他的前女友暧昧交流的截图，以及那些夸张的照片、视频，她悲伤得每晚不能入睡。

但她又不敢告诉别人，反复思考了多日，最终还是主动和未婚夫解除了婚约。

他问她为何要这样做，明明已经看出前女友只是来捣乱的。

她的家人和未婚夫的家人更是不理解，因为他们都很满意这个男孩。未婚夫更是担忧她会说出真实的原因，恳求她原谅他这一次。

最终，她还是拒绝了他的请求。她说："我只是不想和你们一样。我不能像她那么自私，得不到的东西就要毁掉，也不能像你一样花心，总试图得到更多的东西。我只愿意保护内心的一点儿天真。我还是会努力相信爱情，相信别人。"

爱太纯洁了，所以，我们更要守护好它，不让它受到伤害。如果一个男人在订婚或结婚后，还是想要去尝试，想和很多女人暧昧不清，要么是这个男人愚蠢至极，认为自己拥有无限魅力，要么是他根本不珍惜这段感情，那么，他注定要被惩罚。

我们生命中会遇见很多好人，他们喜欢我们，爱我们，想把最美好的东西留给我们，但我们也会遇见一些坏人，他们伤害我们，辜负我们，把刺深深地插到了我们的心口。

不用感谢他们，也无须原谅，但要明白，他们教会了我们一些事情可以做，而一些事情的确不能做，这就是他们在你我的生命中出现的意义。

后来，我遇见徐先生，我们经常会在马路上、地铁口或商业街遇见沿街乞讨者，他们向我们伸出双手。徐先生每次都是拿出一些零钱给他们。

我说：“他们会骗我们的钱呢，很多人据说都是在演戏，比我们有钱得多。”

他却说：“不一样啊。我们给他的零钱，可能会被骗，但也可能会帮到他。这些零钱对我们的生活是没有影响的，却可能会改变其他人的生活啊！”

有时候，他会登录我的微博、微信公众号看一些人给我的留言，会帮我回答一些问题。

过年的时候，微博上有人给我留言，祝福我新年快乐。看到我回应她新年快乐，她说，她最迷茫的时候，分别给我和其他作者留言，只有我回应和安慰了她，她为此非常感谢我。看着我写的温暖的文字，她仿佛得到了莫大的力量，她会一直记得我，期待有一天可以在我的新书活动中遇见我。

后来，我们终于在一次新书活动中见面，她那时已结婚，还生了一个可爱的女儿，满脸幸福。她一直说，当初给我们留言时，内心本已崩溃，根本没有想过我会回应她的呼救。但现在一切都好了，她很幸福。我们还谈到了抑郁症、全职妈妈的崩溃等，她开心地说，即使所有的女人都崩溃，她也不会，因为她已走过人生最难的路，现在也感谢那最难的路，以及遇见的温暖和安慰。

听完她的故事和遭遇，我更加坚信了徐先生所说的那些话。他人一定是遇见了难以逾越的事情，才找到了我，我们不经意间的安慰，或许可以让他们豁然开朗。

所以，不管经历了什么，不管失去过什么，我们的内心都要保存一点儿天真，一些善意，对他人多一点儿耐心，多一些热心。因为不知哪一个举动，哪一句话，就可以帮助到他人。

突然想到读大学的时候，我最喜欢拉斐尔的绘画课。他与米开朗琪罗的绘画有着本质的不同，米开朗琪罗一生创作丰富，活到了八十九岁，拉斐尔却只活到了三十七岁，他的一生虽然短暂，但画中展现的尽是人性的温暖，色彩柔和，画面静谧。让人内心生出纯净无瑕、平和圣洁的感觉。

或许很多人认为拉斐尔的绘画只是纯粹视觉上的感受，不像米开朗琪罗的绘画那般触及灵魂，或充满哲学的意味。我却独爱这种单纯，或者绘画上的天真。

前行的路上，期待我的内心可以像拉斐尔画中那般纯净，带有一点点天真、美好、朝气。一直走下去。但行好事，不改初心，莫问前程。

第二章 青春的爱情不回望

不要执着于令自己痛苦的事物，不要去惦记再也回不去的曾经，人总是要往前走的。有些事，放弃得越早，你的未来也就越好，青春的爱情不回望。

为什么越来越多的人不敢太快乐

我好希望自己一直是个年轻人。“年轻”这两个字对我的吸引力特别大。虽然我写过很多文章，都是在探讨年轻这个话题。可每过一年，每长大一点儿，我对“年轻”这两个字的理解都会有些不一样。

我经常收到后台一些年轻人的留言，关于工作，关于爱情，关于未来，他们有许多的迷茫，从来不敢太快乐。

比如二十多岁的漂亮的椰子小姐，两年前爱上一个男人，却被无情伤害。失恋后，她便成了我的读者，经常在我的公众号后台给我留言。尤其她喝多酒的时候，留言更是随意。

后来，她加了我的微信，给我道谢，说她一直不快乐，很想要一个可以肆无忌惮地聊天的人。我虽然是，但过于遥远。可能是我对她来说就像是某个服务器，她可以倾诉，但我未必回应，即使回应，也带有一些不真实的感觉。

而她的留言经常会把我逗笑，大多是类似喃喃自语——

“你说以后谁会是我的哆啦A梦？韦娜同学，如果你是个男人，你会喜欢我这样的女孩吗？我这个月的工资为什么比上个月少，你可以告诉我原因吗？今天我生日，想邀请你和我一起去海边喝酒，可以吗？”

我想，这位可爱的椰子小姐，现实生活中一定是可爱至极的姑娘。在某个失落的，或是快乐、重要的时刻，她已把我当成了她可以寄托、可以放肆的朋友，或者是当成了另一个她。

但这也是很多年轻人的现状。我们不快乐，因为现实生活中，我们把自己锁在了一个透明的笼子里，不愿出来，就连交流也只愿和人保持在安全距离。

还有一个鲤鱼先生，要考研究生的时候，每天晚上都会给我说晚安，然后再说一段话记录今天学习的进度。他给我的留言特别有趣，会探讨他对量子力学的认识。让我印象特别深刻的是，他曾说过这是一个平衡的世界，宇宙法则中，能量守恒定律决定了一切。他还会说自己不是很快乐，因为没有人懂他。

他考上研究生的那一天特意来问我，问我是不是每天都可以看到他的留言。如果能够看到，期待有一天可以和我成为朋友，后来又自卑地说，像他这样的穷书生，又怎么敢乞求和其他人成为朋友。

我回答他：“能量守恒定律是存在的，我们当然可以成为朋友。千万不要否定自己，快乐一点儿，对自己有信心一点儿。”

从那以后，我再也没有收到过鲤鱼先生的留言，但我依然期待不那么快乐的鲤鱼先生能够在现实生活中遇见一个很懂他的、他也愿意一直分享的人。

我身边还有一个朋友，不敢太快乐的原因是觉得自己不被同事们喜欢。他们公司有个可怕的打分考评，就是每到年底，会组织员工给每一个人打分。不幸的是，他连续两年都是得分最低的那个人。

他根本想不明白为何得分最低的居然是自己。他每天思考这件事，并陷入了困境中。他开始猜疑到底是谁对他有意见，还邀请了一些好朋友给他提很多意见。

越是如此，他越是不快乐。因为一个一直在意他人评价的人注定不会快乐。所以，人不妨自我一些，哪怕自私一点儿。毕竟你是无法被任何分数定义和衡量的人。

被情所伤的椰子小姐、有些自卑的鲤鱼先生，还有我那位活在他人打分世界的朋友，在我心中，都是极其可爱的年轻人。虽然有些不快乐，但总有为赋新词强说愁的年轻感。

他们的故事，都是成长路上某个特定时刻的缩影。

如果是我二十多岁的时候，我可能会有共鸣感。但到了三十多岁，再看到这些可爱的要求或烦恼，我内心真的很羡慕他们年轻的状态，那是我走过的路，那是我曾经的迷茫，也是我回不去的美好时光。

你们知道我为何羡慕二十多岁的年轻人吗?

不要说自己贫穷，不要说自己一无所有，更不要说自己没有一个可以聊天的好朋友。

在我眼中，年轻远远有更重要的意义，有更多需要我们去做、去感慨的事情。

年轻的时候，不仅意味着你拥有更多的时间、选择权，还意味着你拥有犯错的权利，你的情绪可以千变万化。你可以享受那种肆意的感觉，不管你做错了什么，都不用太担忧，总有人会原谅你。可人到中年，若再年少轻狂，人生便只剩下失意。

年轻的你拥有人生最自由的那几年，你可以成为任何想成为的样子，可以潇洒地对身边的人说自己没钱，也不用太担心车和房子。

如果不是很喜欢一份工作，老板突然解雇了你，或者你提交了辞职申请，都没太大关系。很多人还把你当成孩子，所以，结婚生子，距离你也是遥远的事情。

毕竟二十多岁的时候，谁都想去遥远的地方看一看。你可以穷游，可以游学，可以多去经历，所有人都会鼓励你去做、去感受。

如果你对未来迷茫，不妨去想一件自己最想完成的事情，然后一点点去完成它，一步步去做好它。

如果你不相信爱情，你不妨放下一切戒备，全身心地去爱一个人。即使被辜负、被伤害，你也感受到了年轻时爱情的感觉，人到中年的时候可回味。

如果你做了不喜欢的工作，要多问自己能不能承担失去它的后果，然后再问自己喜欢做的工作是什么，能不能胜任自己喜欢的工作。想不明白这三个问题，请在已有的岗位上学会沉默。

其实每个年龄段都不残忍，每段时光，我们都有自己要完成的使命。

其实一直到现在，我也是那个不敢太快乐的人。每当我特别幸福、快乐的时候，就会特别害怕，以为这一切都是在梦里，是伸手就可打碎的幻境，是转身就可颠覆的童话。所以，我很少参加集体活动，许多人在我身边开心大笑的时候，我也会开心，快乐后又会觉得我怎么可以这么放肆地享受快乐。我本应小心翼翼，乖巧顺从，冷清独立，适当地远离人群。一直以来，这个想法几乎统治了我。

一天，我和徐先生一起做身体调理。

那个给我做按摩的女人诉说了她不幸的遭遇，说她离婚了，净身出户，过得贫苦，且小心翼翼。但她觉得比以前好一些，毕竟不用再看前夫和婆婆的脸色了。

我感慨这个女人真可怜。徐先生却说：“她健康，年轻，心态也很好，这已是最大的财富。而且她自己也说了，比以前活得好一些了。人活在世，就是来做客，不妨做一个快乐一点儿的客人。”

谨以这句话，送给每一个不敢太快乐的你。

我们所走的每一步都算数，弯路也算数

看了一篇文章，一个同学结束了第一份建筑设计师的工作时，有些找不到方向，虽然做了一两个比较大的项目，却始终觉得没有收获，也没有成长。最后，他判断说自己可能走了一段弯路，并不适合做建筑设计师，于是他尝试写作，报了很多写作课的班，听了很多作家的课，最终未果。

他哭丧着脸说，可能自己又走了一段弯路。

朋友们纷纷问他下一个目标是什么，他说可能还想顺遂自己的内心，去做一件自己想去做的事情，比如去做工业设计师。

家人只好劝他："去年的时候你也是这样说，去尝试写作，可你在读书时，最想做的是建筑设计师，如果能坚持这个想法走下去，也很好。"

他决定不再浅尝辄止，回归了建筑设计，甚至读研，去争取项目，去尝试突破自己，去改变之前一些狭隘的认知，最终有了不一样的收获。

有人说，如果他一直坚持做建筑设计，中间没有改行，可能比现在要成功得多。他却认为，如果没有后面的尝试，他可能根本不知道何为弯路，何为正确的路。毕竟生活是用来尝试的，不能猜测，也无法预测。只有脚踏实地走过，你才知道什么是合适的。

我很喜欢插画师粥粥的画，曾约好让他帮我画一个故事的脚本，但有很长一段时间一直约不上。我只好去约了其他的插画师。原来，不画画的那段时间，粥粥沉迷于一个游戏，每天低着头玩耍，很少抬头看世界。他玩到疯狂时，必玩通宵，耽误了工作，也不再画画。朋友们各种劝说，他却充耳不闻。

直到一个黄昏，他抬起头，发现整个世界都变了。之前总来约他画的图书编辑不再总找他了，也没人再逼着他交稿，他在公司的项目也被其他同事顶替了。紧接着是领导找他谈话，他被迫辞职了。看似偶然的坏境遇的叠加，其实早已种下必然的因果联系。

就在这一刻，他的世界特别清净，安静到能听到自己紧张的心跳声。游戏又一次响起来，又在呼唤他："赶紧来啊，年轻人，躁动起来，缺你不可。"

当他满怀激情地想投入时，短信"叮咚"响起来，他才意识到，自己根本躁动不起来了。因为把过多的精力投入到游戏，生活一片狼藉——房租要交了，信用卡还不上了，项目因他的拖延而被换成了其他人，环顾四周，房间里异常乱，脏衣服、毛巾、被单混在一起，如果这样的生活是躁动起来才可以拥有的，那么，此刻恰恰是他最想逃离的。

不可否认，着迷于某项事物时，它的确能带给我们满足感、愉悦感，或者是无可替代的快乐。可真实的生活很残忍，它总要回归正轨。如果某一种疯狂或快乐，是要让我们牺牲许多才可以得到的时候，这种疯狂或快乐总是迷人又危险。

粥粥决定开始新的生活，重新画画，有段时间找不到工作，又急需用钱，每天着急到失眠时，才发现自己之前为了某个视频、某个游戏熬到凌晨时，是多么夸张又可笑。如果能够回到那一刻，粥粥一定会劝自己，卸载掉不重要的东西，你才会珍视重要的事物。毕竟，生活想丢弃我们的时候，是不会郑重其事地来和我们告别的。

努力了很长一段时间，粥粥的生活回归了正轨，他开始特别努力向上。虽然努力了很长一段时间，但一些机会丢失了，就是真的丢失了。我们只能一边努力的同时，一边等待它的光临。

我建议他可以把自己颓废的这段经历画成故事，鼓励后来者。他感慨道，有时，弯路多么像陷阱，你的生活一旦崩塌，再想重建，就要十分用心，且耗费百分努力，以及千分耐心。我却觉得，弯路也是人生路上的一段路。

正确的路上，我们可以走得快一点儿，弯路的选择上，可以让我们学会思考和等待。可怕的不是会走弯路，而是你意识到自己的生活突然崩溃时，能不能有勇气来重建它，让自己重新走上正轨。

总是听到长辈们说，要好好做人，少走弯路。

我们对弯路总有一种莫名的恨意，以为它会毁掉我们的生活。可人生路上，我们难免会爱错一个人，做一份不擅长的工作，走一段偏离原来生活轨道的路，这一切虽然可怕，但弯路也会让我们更加认识自己，更懂得内心所需。

弯路可以是转折点，在某一个时刻，我们终于意识到自己所执着的，可能并不会带来结果，于是放下执着，走向更好的路。

弯路可以是纪念地，当我们历尽辛苦，也无法换来命运的公平相待时，终于明白这不是人生开的玩笑，而是自己最初就选错了。于是，可以潇洒地告别，从此了无牵挂。

我的朋友们，总是有人说，快去拉住那个危险的年轻人，告诉他，他正走在一条错误的路上。可有人说，在人生的路上，有一条路每个人非走不可，那就是年轻时候的弯路。

只有走过那条弯路，他才可以收获更多，只有踏过那条河流，他才能更懂自己。

只期待年少轻狂时，我们走弯路的时候，可以早点儿迷途知返，走过那弯路时，也可以潇洒地回头，无须后悔。

微信明明有三四千好友，结婚我却只邀请了五个人

我和徐先生结婚之前，他将我们的结婚邀请函通过微信发给他的朋友们。他的朋友圈只有三四百人，却有很多朋友表示一定会来。而我绞尽脑汁，把三四千人的朋友圈看了一遍，思来想去，只邀请了五个人。

我鼓足勇气给她们留言，然后等着她们的回答，内心无比焦虑。

焦虑的原因是，直到自己需要热闹的时候，才发现并没有那么多朋友，我由此陷入了更深的孤独。虽然到了晚上的时候，我收到了很多礼金，但并未定下来具体的伴娘，以及哪些朋友会来参加。

再来看徐先生的邀请，真的是无比轻松，一会儿就确定了伴郎，还有许多朋友要特意赶来参加我们的婚礼。因此，在最关键的时刻我恍然大悟，自己其实是一个没有什么朋友的人，也可以说是一个没有生活的人。

于是，我在朋友圈发了一条状态：“真的羡慕男人的友情，长久、专情、简单，关键时刻舍得付出，也不太计较得失。”没想到很

多人给我留言，纷纷表示赞同。

仔细想来，我的人缘并不算差，看似也拥有了许多热闹、许多朋友，甚至做过五六次伴娘。我工作的时候，去过许多地方，讲过许多课，认识了许多有趣的人，安慰过许多痛苦或迷茫的人。可在关键时刻，为何能为我捧场的人少之又少？

但再想想，我恍然大悟——真正的热闹和朋友都是要渗透到生活中的。而所谓的生活，不止需要烟火气，需要参与感，还需要拿出许多的时间去与其他人交流、交往。

蔡康永老师说：“永远不要把友情放在一个不可思议的高度上，有些朋友就是在一个阶段带给自己美好东西的人，互相享受而不要互相捆绑。”

徐先生重视友谊，他的大学同学和研究生同学来到上海出差，在飞机场等他，只有半个小时的见面时间，他也要开车赶过去。

我的大学同学来上海出差，就在外滩那边住一晚。我结束了晚上的活动，已是晚上十一点半，见或不见她，进退两难。

还有一次，朋友来上海学珠宝设计，已经约好了要见面。临时，我又被邀请去给一个作者做主持，我和朋友只好重新约定了时间，可等到了约定的时间，她那边又有了变化。最终，我们并没有成功见面。

后来想想，可能也是自己的原因，对友情、亲情有一种疏离感，不会也不愿投入太多的时间。更多的时候，很多朋友聚在一起，我会变得无所适从。还是一个人在黑暗中写作、在书桌前看书，更有安全感。

就像一个同事说我除了可以在舞台上闪闪发光，讲课的时候又投入又迷人，私底下，我真的是一个沉默又害羞的人。

虽然我的微信朋友圈里有三四千人，但大多都是点赞之交，比如读者、作者，或合作者。我们客气、疏离地交流。当然偶尔也有敞开心扉、真情交流的时刻，一旦卸去忧郁的情绪，我们又会回归原状。

虽然我经常参加活动，但能在活动结束后，还可以小聚一下的人几乎没有。大多都是彼此寒暄，说一定要聚餐，但从未实现过。

我记得和一个叫四月的女孩因为活动而结缘，我们发现彼此都是双鱼座，聊得特别开心，相约下次过生日一起去看大海。分别后，她还送了我一套精致的电动牙刷，我也曾寄自己的书给她。平日里，我们还经常在朋友圈相互点赞、留言。就在前段时间，我过生日，想邀请她聚一聚，却突然发现微信已被她删掉，顿时觉得失落。

网络让我们认识或失去一个朋友，都变得如此简单。所以大多数时候，我们还是一个人。渐渐地，我觉得比接受自己只是一个平凡的人更难的，是还要学会习惯孤独。

小时候的友情属于际遇型，遇见谁，只要可以手牵手，一起长大，一起上学、放学，就可以成为发小或好朋友。而成年人的交往和交流，始终带着衡量和比较。无法与人太贴近，也无法张开双臂，坦诚地说："嗨，欢迎来到我的世界，和我做最好的朋友。"

所以，抖音红人李佳琪说自己是一个没有生活的人，有时试口红，试到嘴唇发肿、麻木，没有了知觉，但还是会继续工作。因为淘宝上有几千个直播，他怕一天不直播，自己的观众就会被抢走。所以，一年三百六十五天，他做了三百八十多场直播。生活才是最昂贵的，尤其是所有的一切都是你奋斗而来的时候，你会愈加珍惜拥有的一切，更不可能放松地看风景，结交朋友。

我们在城市生活久了，几乎都变成了这样的人，都像是自转的星球，在自己的轨道上，按照自身的生活节奏旋转、忙碌。我们可能会是相似的星球，却很难互相靠近。如同一句话所说："战胜孤独的从来都不是喧嚣，而是选择去靠近陌生的勇气。"

所谓成年人的孤独，是即使叛逆，也会表现得小心翼翼。

某个周五下班后，我临时买了一张票前往苏州，在苏州的温泉酒店住了一晚，又乘坐绿皮车慢悠悠地回到了上海。我没有对任何人说起我的出走，但自从这次游玩后，我想周末去一个地方，就会买票前往，然后坐周一的早班飞机赶回来上班，就像从未离开过这个城市。

在生活中，我好像渐渐失去了朋友，失去了生活的一部分，慢慢地，我的世界变得只有自己。

我每晚在忧郁中入梦，每个早晨又在满怀希望中醒来。我和你一样，在新的一天，孤独地继续走下去。而这孤独不属于具体的某个人，属于城市里每一个漂泊者。

时尚不是追逐别人，而是找寻自己

我有一个做医美的朋友，大学毕业后，总是往脸上打各种美容针，以此永葆青春。除此以外，她还经常购买很多衣物，却依然觉得很失落，觉得青春易逝，自己还是留不住美丽，不懂时尚穿搭。

最近，她又迷上了一种“换脸术”，据说是通过整形让你拥有高级脸。她说：“上天亏欠你的，医美会补偿你。”由此看来，医美对她的影响真的是根深蒂固的。

后来，在我的极力劝说下，她才没有去“换脸”。

我也是一个很爱美的女人，听过许多美妆课程，听过一些时尚买手的经验心得，却发现，美的东西或时尚的东西，其实都很简单。如果我们不能理解，反而会弄巧成拙。

比如，提起奥黛丽·赫本，很多人都会想到“高贵”“优雅”“美丽”这样的词汇，这个名字本身已成为一个符号、一种风格、一种潮流。

赫本深爱这个世界，人们也爱着她，疯狂地模仿着她，从她的衣着到她的妆容，从她的言谈举止到她的爱好，包括她喜欢养狗，都引领了一股风潮。

记者问赫本："女人和衣服的关系是怎样的？"

她的回答很有趣："女人不是单纯地穿上衣服而已，她们是住在衣服里面。"

赫本有自己的穿衣哲学，她被称为全世界最有品位、最优雅的女人，这是她优雅的衣着决定的。

说到时尚，她觉得女人应该找到一种特别适合自己的穿衣风格，然后根据这个风格，结合流行的趋势和季节的不同去变化。

她的观点影响了我，也成了我的穿衣哲学。毕竟，我之前总在大量地购买衣服，而后在这本书中看到这个观点，我突然意识到，潮流只是一时的流行趋势，并不能完全取代时尚。时尚是每个人对自己身材的要求、品位的提升，以及对世界的理解。

就像奥黛丽·赫本，她的衣服总是那么优雅大方，简单随意中流露着一份高贵。她的风格是专属于她自己的。

记者描述赫本的穿衣哲学是："穿着休闲夹克衫出席一些要求正装的场合，要比穿着正装出席一些非正式场合好得多。"

在《罗马假日》中，奥黛丽·赫本的白色衬衣的造型开创了女性中性着装的时尚风潮，事实上，赫本的日常服装并不时髦，她喜欢穿男士的衬衣，把长长的前襟系在腰间打成一个结。

她对采访自己的一个好莱坞记者说：“衬衣太舒服了，脏了的话，洗了熨烫一下就好了。”

记者问她：“你不会是自己洗衣服吧？”

她潇洒地说：“对，我自己洗。”

读到这里的时候，我被她身上这种自然又洒脱的感觉深深吸引了。所以，在《罗马假日》中，她穿着白衬衣坐在自行车上，享受爱情、享受生活的样子，真的很像她本来的纯真模样。

电影中有一个情节是安妮公主出逃，设计师伊迪斯海德为她设计了一个休闲的形象，一个活脱脱的美国年轻人的典型装扮。她穿着喇叭裙、平底鞋，长袜外面套着白色波比袜，这套公主的便服是混搭风格，这套衣服很简洁，不仅符合她饰演的角色，更打造了一个全世界的女孩用零花钱就可以模仿的时尚风格。

说到赫本的时尚，我们必须要提到纪梵希，他打造了赫本风格的优雅。

他也是赫本一生的挚友，两个人的友谊从1953年，赫本到他的工作室挑选电影《龙凤配》的服装开始，持续了四十年。

纪梵希为赫本打造的最出名的一件作品，是电影《蒂凡尼的早餐》中赫本穿的黑色连衣裙。关于女人的着装，他曾说过，必须是裙子配合女人的线条，而不是女人去配合裙子。

当然，他所塑造的小黑裙除了是赫本的经典造型，更是时尚界的教科书。

后来的小黑裙设计都会参照他的设计风格，而小黑裙也成了优雅、美丽、高贵、知性的代名词。每过一段时间，都会有一些女明星模仿赫本的造型，穿她穿过的衣服拍照。

赫本在无形中已经成了一种风格，但她并没有因此骄傲，反而更加努力地去阅读，去跳舞。保持内心的丰富，保持身材的苗条，是她每天必做的功课。

所以，我认为赫本的时尚心经，不仅仅是内心对自由的向往，更是对自我的寻找。一旦我们的内心和衣着都舒服了，世界就美好了。

关于写作这件小事

写作的路上，我被无数次地问过一个问题，为什么要写作，可这是我最不愿回答的一个问题。于是，每次我在“浦江新悦读”做主持，只要邀请嘉宾是作者，我都会问他们一个问题，为什么要写作，以此收集了许多答案。

一个女作家说自己最初写作，是想让初恋男友后悔，后悔当年离开她。如今的她已成为作家，四处签售，却依然想让他知道自己过得很好。怎么让他知道呢？唯有文字的传播，唯有故事。

作家李尚龙寄给我一本他的新书，序言里写了两个故事，写了他为什么而写作。

他从西土城坐地铁回家，却发现钱包丢了，地铁卡也丢了。他只好一个人步行，从西土城走回了家，整整15公里的路。回到家里，憋了一路的委屈顷刻爆发，他窝在被窝里哭了起来。他暗自发誓要努力，要在这个城市站着赚钱，生活体面。

还有一次，他在健身房跑步，磕倒在跑步机上，膝盖受伤了，钻心地疼痛。他忍着这痛楚走到更衣室，却发现膝盖上的血流到了袜子上。他用干净的衣服包扎了膝盖，回家的路上，他想，自己以后要过上体面的生活。

可体面的生活是什么？当时的他理解的，是打车上下班，不让所爱的人承受自己所经受的辛苦。此外，买一台属于自己的跑步机。这便是他日后写作的动力。

02

不知不觉，我也写了许多文字，出版过几本书，也经常扪心自问为什么要写作。

问这个问题的时候，恰是写作比较低潮的时候。我的第四本书上市，销量还不错。我每天上班下班，重复相同的路径，不再每日出差，好像获得了某种自由。更自由的是，前一段时间，电脑被我重新装了系统，快要完稿的小说和第五本短篇的书稿都随之消失。于是，我的世界真的荒芜了。我不再早起晚睡，不再为之担忧，索性放松自己。

我在要不要修电脑和要不要找回原来的文件之间来回纠结，恰好也休养生息了一段时间。

直到编辑跑来跟我说："记得交稿，不要让我失望。明年先上市你的书。”我才惊觉前一两个月荒废的时间格外珍贵。

人真的有一种收放自如的能力，这个能力的标准在于你对自己的要求。当你决定成为一年写一本书的作家时，可以做到，当你放弃写作，荒废时光时，也会如愿。生活很简单，难的是自我要求和定义，也就是你想成为怎样的人。我无法任由自己继续荒废下去，对未知的恐慌只是我写作的一部分动力，更多的动力，源自我想一直记录的心情。

身为一个作者，你可以继续拾笔上路，写下迎面而来的故事，抓住如影随形的文字，你也可以放弃感受它，继续荒芜，直到所有的读者都走掉。

显然，我更期待自己拥有一种一直写作的能力。当我开始写作的时候，即使身居闹市，我依然会觉得周围的世界很安静，仿佛只有我一人，与自己的内心对话，与过去那个隐藏在角落里的我交流。沉浸其中，你得到的不是文字本身，而是自己被治愈的过程。

03

写作已经成为我生命中特别重要的一部分，我无法割舍，也心甘情愿为写作放弃了许多事情。

白天，我坐着地铁，像个普通人一样上班下班，我的思绪却在想象的世界里飘荡。我把它们都记录了下来，有时写在手机里，有时写在本子上。

晚上到了家，我会固定一个时间，九点半到十一点半，趴在电脑前写作，把白天的灵感补充完整。若是由于出差或其他事情耽误了，我会选择第二天凌晨，把昨晚要写的东西补好。就这样，我坚持了很多年。

我知道其他作者为写作付出的努力绝对不亚于我，所以，我从不敢说自己是一个很努力的人，也很怕别人将“努力”两个字冠在我的头上。在写作的路上，我有时也会拖延，有时也会放空自己，有时也会像开头所说的那样，一两个月处于什么都不写的状态。但在不写作的时候，我会读书，读很多书。

古人常说，书非借不能读。我却会把自己喜欢的书买下来，这让我有一种踏实的感觉。

幸运的是，无论我是在之前的公司意林集团上班，还是在现在的慈怀上班，我们买书都可以报销，老板都鼓励阅读。

所以，我读过很多书，也买过很多书。双手捧着一本纸质书阅读，周围一片静谧，尤其在黑夜，还有一束灯光，这景象，真的就是我想象的天堂最好的模样。

04

我相信很多人每天都有不一样的经历，即使是朝九晚五，即使是过着同样的生活，过了十年，每一天的你还是不一样的你。因为人的情绪是在不停地改变的。

如果你和我一样，感受到了这种改变，或是生活给予我们的不安感，请你一定要记录下来，这就是最好的素材，或者也是一种被称之为天赋或灵感的东西。

徐先生和我在一起后，我经常让他把每天遇见的事情中最精彩的部分讲给我听，或者是与他一起讨论我们对同一件事情不同的看法，我都会记录下来。当我写作时，它们如泉水般，从我的内心、我的笔端缓缓流出。

生活是写作最好的老师，阅读是写作最忠诚的朋友，那么，记录便是写作本身。当你开始愿意记录琐碎的一切时，就是你开始与这个世界交流的时刻，真的很珍贵。

而且写作没有那么神秘，它比赛的一定是耐力，看看谁可以坚持得更久，谁可以走得更踏实，谁愿意花费更多的时间与它交流。

现在的我已经不敢想象没有写作的陪伴，我该是多么孤独。我和其他作者不一样，我只是把写作当成自己的必修课，在每日的锤炼中，感受自己性格中的小部分脆弱，以及大部分坚强。

在写作的过程中，我明白了许多道理，对自己的成长影响深远。我开始感觉到自己的灵魂变得很柔软、纯净、简单，我比从前的自己更好相处了，对其他人宽容了许多。我日益明白，真正的爱自己不是一种自私，应该是如何让自己成为更好的人。在人群中，我日渐沉默，在家人面前，我还是我。

当然，我也有困惑。我每次新书上市，内心都会忐忑不安，怕读者流失，怕一些作者朋友发朋友圈赞美我是劳模。

我看过一个作家的书，他也曾为这个问题困惑，特意跑到日本去问一个前辈。

前辈说："趁着眼睛还能看得见，灵感还在，要多写。"前辈最痛苦的，是内心憋着许多故事，拥有天赋却无处抒发，眼睛看不清，提笔容易忘。

我看到这里，感慨万千。一个作者，最重要的是趁着春光正好，年轻正当时，用笔墨去写，去记录啊。共勉。

不懂拒绝的人，活得有多辛苦

仔细想来，我应该一直都是一个不擅长拒绝别人的人。每当别人提出建议，或有新的想法，我都会赞同。我不喜欢与人为敌，甚至不习惯与别人有不同的想法。我遇到事情喜欢纠结，没有主见。小时候，大人们都夸我乖，长大后，却成为我最想丢掉的缺点。

工作后，我突然发现，不会拒绝别人已经成为自己工作中的一个阻碍。

一次，一个编辑很想与我合作一本书，我没有直接拒绝他，反而说："老师，我写稿比较慢，我都不好意思让你一直等。"

我用了一个自以为很委婉的借口，但那位编辑老师真的在等我。

老师催促我签合同，我却一直在拖延。我以为拖延的过程中，他就会放弃。直到和他在一次饭局中见面，他就坐在我的对面，我面红耳赤。

他说，其实他被很多人拒绝过，但只要没有明确拒绝他的作者，他认为都是有希望合作的人。所以，他就会认真等，有时一等就是两三年。

那一刻，我羞愧难当，默默地告诉自己，真的不愿意去做一件事，一定要及时拒绝。而且拒绝的时候，一定要说清楚原因，别给别人徒留希望，否则对别人对自己都是一种折磨。

虽然成年人的世界，没有爽快地答应就是一种拒绝，但委婉拒绝难免会给人错觉，让人误以为你其实是想合作的，只是暂时没有想清楚。

还有一次，我们做了一个关于阅读经典文学的系列课程。

我想找一些自媒体朋友一起来营销，分别给他们留言。其实，我们私交不错。有一些朋友回答我愿意合作，也有些人拒绝了我的请求。我真的很感谢这些朋友，因为他们给了我明确的答复，帮我节约了时间，我还有时间去汇总到底有多少人可以合作。

拒绝别人的时候，一定要干脆利索，而且要回答别人，不要沉默，更不要视而不见。尤其在工作中，这真的是一种尊重。

很多朋友都没有回答我，可能在他们的理解中，沉默也是一种拒绝吧。

还有一些朋友回答得很委婉，比如现在排期紧张，或者过几天会联系我，或者一边答应，一边消失不见。

在成年人的世界，尤其是工作中，我们都需要一个答复。不要含糊，没有寒暄。拾遗君说过，如果你不想答应他人的事，拒绝一定要坚决而干脆。干脆，才是最高情商的拒绝。

就像作家刘同看到自己的朋友发了一条信息，是这样写的：“我们都是成年人了，你不用对我撒谎、婉转、顾左右言其他，我并不生气你的拒绝，我只是生气你浪费我的时间。”

可能你和我一样，也有过类似的经历与感受。

明明不赞同一个方案，我却不敢说出自己的想法，跟着这个项目做了一段时间，看着项目解体，心里也很难过。我也有想过，若当初及时提出异议，可能会给其他人一些新的启发或思路。

我明明感觉到一些人和自己不是同类，却还是要努力地靠近，想让自己去喜欢、去接受、去感动，到了最后还是要各奔东西，并不再有联系。我也有想过，若把那些时间用在和好朋友的聚会中，可能会有不一样的收获。

我明明不太适合一件衣服，若导购美言几句，便会稀里糊涂地买单，然后，把衣服压在箱底，再也不可能穿它。之后的某一天，它变成了丢了有些可惜的垃圾。

明明感觉不是很喜欢那个跟自己表白的人，但觉得错过他，就等于错过了一个对自己很好的男人，更怕以后再也无法遇见如他般真诚的人。于是，索性同意。直到某一天终于遇见自己很喜欢的人，然后再后悔，再挣扎。

所以，若你发现自己和我一样，也是很纠结的人，那么，当你面对一样表现不出明确喜爱或讨厌的东西时，我建议你不妨拒绝它。因为，它可能不太适合你。

我们为什么要明确地拒绝自己不想做的事情?

这是我们对自己的尊重。时间是属于你的，精力也是，情感也是你的，你有选择不消耗自己的权利。

我一个初中同学以前经常向我借钱，我也习以为常。有时，我内心难免会有不愉快，但我为了面子会忍着不说。毕竟我从小接受的教育是做人不要太小气，所以，即使身边的人提出过分的请求，我基本也会答应。因为我每次拒绝别人的时候，内心都会有一种心理压力。

我买房后，经济紧张，期待她可以把钱还给我，她却悄无声息地消失了。

我并没有怨她，只是觉得对不住自己，她消耗了我那么久，我却没有及时止损。好的关系一定是良性循环的，任何让你不愉快的事情，如果当下忍让，以后也注定会折磨你。

及时明确地拒绝，可以避免伤害。

看过一则新闻，杭州有一个凶杀案，一个男孩从高中就很喜欢一个女孩，女孩并不喜欢他，却一直含含糊糊，没有明确拒绝。

工作后，男孩买了很多礼物送给她，其中不乏贵重的奢侈品，女孩欣然接受，男孩便误以为女孩是喜欢他的，于是，送了更多的礼物。一天，女孩终于下定决心拒绝他，男孩却无法接受，悲伤至极，一气之下把她从楼上推了下去，女孩不幸坠楼身亡。

其实，在我们的人际关系中，至少有一半以上的麻烦，都是不干脆拒绝惹的祸。面对自己不想做的事情，一定要早点儿拒绝。暧昧、含糊和似是而非，都会给其他人错觉。所以，果断而干脆地拒绝，既能保护自己的利益，更是对对方负责。

你曾是我的一门功课

《我们是真正的朋友》这档节目中，小S问阿雅："以前年轻的时候，你是不是被我姐气哭好几次啊？"

阿雅捂着眼睛回答："大S是我的一门功课。"

这句话让我顿时也很伤感。从小求学到今日，才知道功课不仅仅是学习，还有我们遇见的每一个朋友，以及爱人，甚至每一份工作、每一个考验。

年少的时候，我也曾躲在一个女孩的阴影下，她叫粟米。

我陪伴着粟米一起成长，跟随着她一起快乐，却永远无法像她那般骄傲、自信。记忆中，她很漂亮，总穿着粉白或淡黄色的裙子，款式新颖，再看看我，黯淡得很。

当我们年纪小，还辨认不了这个世界时，总以为别人传达给我们什么，世界就是什么。无疑，那时我认为她是被上天优待的人。我羡慕她亭亭玉立的身材，白皙而柔滑的皮肤，会弹钢琴的灵活手指，羡慕她的早熟聪慧，在众人面前游刃有余，轻松地就可以博得他们的喜爱。

而我总是笨笨的，做事愚钝，没有主见，总是跟在她的后面，像个无知的追随者。更可怕的是，站在她身边的我，总觉得自己毫无优点，就连背部也驼得厉害。

而她自然是需要我这样的追随者，我也需要她站在我的前面。我看着那一片光芒，误以为她的闪亮也有我的一部分。

高一的暑假，粟米问我能不能陪伴她去旅行。我毫不犹豫地答应了。

我从每个星期的饭票钱里省钱，攒够了车票的钱，准备好行李，即将出发的时候，却被妈妈抓到了。

但我想要挣脱她的双手去找粟米，且自认为没有我，她的旅行肯定不能顺利进行，却未想过，她根本就没有买票，只是想看看我这个朋友对她真诚与否。

她自豪地宣布我是她最真的朋友。

我虽然通过了这次认真又无情的考验，却无法开心，心里想着妈妈阻拦我时的劝告："如果你成绩不好，长大以后可以做什么呢？即使你们是特别好的朋友，她也不会陪你走完这一生啊，你首先要做好你自己。"

我开始认真地想母亲的话，想我以后可以做的事情，想以后可以读什么样的大学，我甚至跑到了图书馆，去看很多书，想在那些书里寻找答案，想借着别人的智慧解开我内心的迷茫。

那个暑假过后，我终于想明白了许多事。虽然此后，我的人生也没有一路绿灯，但我终于不再躲藏在别人的影子里，终于可以完整地去认识自己。那之后的日子，我比任何人都努力，每晚都会熬夜学习，不再围绕着粟米。她感觉到了我的变化，很是失落。

但我并没有停下前行的脚步，继续突破自己。我每天都对自己说："你要努力啊，往前跑啊，姑娘。"我如愿考上了大学，虽然没有被第一志愿录取，但也读了很好的大学。粟米考上了一所专科学校，去学了中医。

我们再也没有之前那么亲密，根本无法做到手牵手去洗手间、逛公园、逛街、看电影。我们读了大学后，好像真的没了联系。

一路走来，我遇见了新的功课、新的课题。有时是爱情，有时是工作，有时根本不是具体的人或事，只是我自己和自己的周旋。

我失恋的时候，也曾撕心裂肺，怨恨对方为何要那么狠心。直到迈过去，才知道不是对方的原因，而是他要教会我一些道理，教给我如何去爱一个人。在爱中，我要试着收敛、克制，而不是把所有的情绪都传递给对方，让他感受我的敏感、疲累与缺乏安全感。

我换工作的时候，曾对一个学心理学的老板怨恨不已，觉得她特别苛刻，脾气很差，对我要求过于严格。辞职后，我换了更好的工作，顿悟道不喜欢的工作要及时抽身，当我弱的时候，的确得不到尊重。

但更多的时候，我都是自己和自己搏斗，一个人的战争没有硝烟，却也痛楚。

我挑战新的职位时，每晚熬夜，以至于养成了惯性失眠。我们都在自己的航道上飞驰，不断地挑战自己，不断地成为新的自己。

有时候，我真的觉得自己很累，很累，但我知道，要想获得尊重，就要从别人的影子中走出来，走到阳光中，虽然过程艰辛，却也光鲜。

那是夏天，我去济南出差，讲完课后，晚上去美容院按摩，在那个精致的房间里，我看到了一张熟悉又陌生的脸，那就是长大后的粟米，那也是我年少时最喜欢的脸。她仓促地离开了房间，我也没有追问到底。

从少女时代到成年，仿佛只用了几年的时间，又仿若只在一瞬间。

令人唏嘘不已的是，我们最终成了不一样的人。

我一直在想，是哪个瞬间拉开了我们的距离。应该是那个下午，她自豪地宣布我是她最忠诚的朋友，也同样是那个下午，被妈妈骂哭的我开始思考未来的路。

我喜欢的友情的样子，是理性、稳定、包容和尊重。我喜欢的朋友，是向内探索、从内心不断生出力量的人。

亲爱的粟米，我也喜欢你，很喜欢，甚至崇拜过。但那短暂的青春结束后，我们不得不再见。而你一定不知道，你曾是我的一门功课。往后的很多年，我都试着从你的影子中逃脱，不再着迷任何人，只愿把时间放在自己的成长中。

我相信依然有许多拥有粟米和我这般友谊的少女们，请多多珍惜，青春万岁，因为你们彼此要跨越很多东西，学习许多功课。

而我还要独自远行，去学习更多的功课，去跨越远洋或峻岭。

人生没有彩排，跌倒了立刻爬起来

安居的试用期没有过，就被老板劝退了，那天恰好是冬至。他离开的时候，我去送他，走到楼下，一地落叶，树叶在冬天里似乎落得特别快。黄昏里，我觉得他的身影未免有些伤感。

毕竟安居不再是刚刚毕业的年轻人，他已工作三五年，有经验，又特别体面。这个时候，若工作没有通过试用期，多少会令人沮丧。最可怕的是，他会因此怀疑自己的能力。从表面上看，安居正在控制自己的情绪。但我隐约感到他内心有些不安。

我安慰他："可能只是这个工作暂时不适合你，但不见得是坏事，你会因此有更多的选择。某一天，你也许会感谢这一天的挫败，让你找到更适合自己的工作。"

安居说，此时此刻他并非沮丧，而是在反思自己在这份工作中到底欠缺了什么，是技能不足，还是人际关系没有处理好。但不管怎样，今天是他最糟糕的一天，他还要爬起来继续往前走，去投简历，去寻找新的工作机会。

他让我不要安慰他，说原来失业比失恋还要痛苦，觉得他就像大海里的独木舟，有些茫然无措，却也没时间去难过，因为他还要靠自己去找到新的出口。

到了年底，总是听到这样的消息，某某升职了，某某却被迫离职了。前者固然开心，但后者也不要沮丧。其实每个人都会遇见很多人，也会做很多份工作，感谢那些曾经陪你走过一段路的人，也要感谢那些锤炼过你的工作。是他们让我们成长，也让我们知道了残忍的滋味。

我们唯一可以做的不过是活在当下，充实自己，提升技能，明白自己想要什么，这样才能知道自己未来要走什么样的路。

看过香奈儿的传记后，就深深迷恋上了这个独立而独特的女人。在她起起落落的故事里，我特别喜欢她傲然于世的态度。1936年，全世界都在为她的对手夏帕瑞丽的设计而疯狂时，香奈儿遭到了前所未有的冷落。

夏帕瑞丽骄傲地对媒体说："香奈儿可以回家养老了。"第二天，这句话便传遍了整个巴黎。

此时的香奈儿却若无其事，依然全神贯注地创作服装，香烟几乎烧到了她的手指。

她的助手很着急，问她拿什么来赢得自己的荣誉。香奈儿没有回答她，依然沉迷在自己的设计里。

助手只好说："我唯一能做的，就是比你还要讨厌我们的对手。但我希望你过得好，我才能放心。"香奈儿回答："我却没有时间讨厌她。我跌倒了，现在要做的是赶紧爬起来。"

看到这一段时，我的内心很受触动，当我们失败、不被其他人认可时，当我们跌倒在地时，沮丧并不能解救我们。这个时候，唯有相信并充实自己，才能改变现状。

果不其然，香奈儿最终重新站起来，众多媒体前来采访她，他们刻意提问香奈儿怎样评价夏帕瑞丽，香奈儿只是淡淡地回应道："那个意大利女人，她是个做衣服的艺术家。"

她没有抨击对手，也没有落井下石，在她看来，一切都没有自己的作品重要，一切都没有自己更重要。

这一生，我们可能会随时拥有或失去一些东西，你苦苦追求的可能最终并没有得到，你渴望逃离的却依然还在禁锢你。唯一能破解这个僵局的是，像香奈儿一样，除了努力之外，也要看淡得失，一直往前走去。

快过年了，大多数人每到年底会感到格外慌张。新年时刻写下的愿望，那些未完成的事项，那些离开的人，总有遗憾，总有悔恨，无法弥补。过去的就是过去了，无法追回。

歌林说今年是很特别的一年，她辞职自己创业，然后失败，还有至亲离世，很多事情一下子赶到一块，一起压到她身上，她险些坚持不住。但她依然从一月坚持到了现在。这一路真是太难。

歌林搬家的时候，看到父母和她曾经的合影，有那么一瞬间，她险些被击倒了，刚想大哭一场的时候，突然接到了工作电话。她依然镇定地处理好工作，成功地扮演了一个情绪稳定的大人。等她再看照片时，已经没有了最初的悲伤，只剩下怀念。可怀念也是好的，说明我们拥有过快乐的时刻。

跌倒了就赶紧爬起来，或者是坐在原地发呆，哭一会儿，但一定不会有人坐很久，这就是长大后成人的世界。我们懂得伤心的时间越久，自己就越难堪，步伐就越跟不上。我们明白所有的情绪其实是给自己看的，不如收拾好这一切，赶紧往前走。

就像一个女歌手在舞台上所说：“即使我身边所有的人都离我而去，我可能会悲伤，但我会往前走下去。人生的事故太多，故事大多悲惨难提，幸好我天生励志。”

如果我们无法拥有太多幸运，那么拥有乐观也是好的。如果恰好你骨子里又是一个悲观主义的人，那么请记得，不管遇见任何让你难过或悲伤的事情，收拾好一切往前走，格外有意义。

人生最可贵的是没有彩排，却可以自己去争取再来一次的机会。所以，迷茫如你我，若不幸跌倒，唯有重新站起来，才能给自己机会，也能给自己勇气，以及未来。

这才是最好的修行

开年会的时候，老板把我们带到了一个度假农庄。

晚上的时候，一个同事突然提出要单独住，因为同住的女孩凌琳正在房间里跪拜、祈祷，且要求她不能说话，不能发出任何声响，她做不到，两个人争吵。

我了解的凌琳，其实是一个很特别的女孩，也很早熟。记得刚来公司的时候，我曾赞美她双眼清澈，她觉得我很亲切。彼此之间算是相熟。

虽然她很年轻，不过二十三四岁，但真的是一个很自律的人，每晚七点到九点要打坐。这是好事儿，毕竟能坚持去做，的确需要耐力。每次只要租到房子，她就会诚恳地邀请一起住的人练习打坐。大多情况下，能坚持的人只有她自己。

她就叹口气，说：“唉，现在这些不思进取的年轻人。”

每到此刻，我都会笑她，每个年轻人都有不同的生活方式，他们有选择的权利。

凌琳喜欢读书，读来读去，都是关于身体健康类的书籍，比如食疗治百病、气功养生，或是脉络养生等类型的书籍。当然，从年轻时开始关心身体健康，也是一件值得嘉许的事情。但她有些好为人师，凡是在她身边吃肉的朋友，她都会真心地劝导，告诉我们一生吃素的人会有福报，或食肉会带给我们怎样的伤害。

年轻的朋友们，同事们聚餐，都不会邀请她，她也会自动避开热闹的团体活动。仿佛她与时代隔得很远。

我问他们："为何不带着她一起玩？"

他们说："她不会玩，也不好玩，她是我妈妈那个时代的人。而且规矩太多，我们没有办法全部听她的话。"

凌琳却说她不喜欢热闹的人群，不是喜欢管控那些年轻人，而是他们不懂惜福。

许多时候我远远地看她，觉得她的皮肤是年轻的，身上却穿着与年纪不相符的棉麻衣服，颜色黯淡，没有光彩。虽然她面带微笑，张口却说众生皆苦。每每如此，我便会觉得可惜，年轻的女孩，正是爱美的年纪，谁不渴望衣着清爽、时尚，凌琳却真的过早地成熟了。

凌琳喜欢一个人坐在窗台前，看夕阳落下。

我问她感受到了什么，她说，看过一本书里写，没有完整地在海边看过日落的人，人生是不完整的。而她还缺少一个可以跟她去海边看日落的人。

年轻的时候，我们都向往拥有一段至纯至真的爱情。我鼓励她跟喜欢的男孩表白。

她却说家人给她算过命，她的命中是没有爱情的，可能要孤独终老了。

我觉得这个女孩太悲观了。我想告诉她，其实人生是很多彩的，不止有夕阳日落，还有清晨的阳光，有黄沙漫天的沙漠，有古老的传奇故事，有未被探索的神秘地带，有海浪落下时的浩瀚，都是无尽美好的景色。趁着年轻，都要去体验。不要活在自己的小世界里，要打开我们的视角、心胸、思想。

深入了解后，才知道凌琳从小父母离婚，她跟着奶奶一起长大。无形之间，她会模仿奶奶，她虽年轻，却已拥有老年人的生活习惯。所以，站在人群中，显得格格不入。从衣着到言行举止，都透着暮气沉沉的感觉。

我很想帮助她，改变她，却又觉得她很享受现在的状态。我很想拉着她加入同龄人的队伍，一起去唱歌、旅行，去闹腾，并在这路上认真恋爱，哪怕受伤。

她却一边看着我，一边死守着自己的底线，说什么也不肯离开她的“鸟笼”。那鸟笼是她成长中的枷锁，更是以后的阻碍。

我是这样认为的，人成长的轨道其实有很多条的，有时，你跑在正确的轨道上，有时你走在错误的轨道上，有时你会不小心误入贪心的轨道，还有一些时候，我们根本分不清脚下的路到底是怎样的轨道。

但不管怎样，不要拒绝外面的世界。若自己的生活方式封闭了自我，让你迷茫，请你一定要走出来。年轻时，最令人羡慕的其实是我们身上的朝气，一种向上生长的力量，一种谁也无法取代的青春。

我并不是反对年轻人修行，只是觉得特别年轻的时候，不妨多看看，多融入这繁华世界。

我们都必须承认自己并不曾经历沧桑，不妨多去经历，多去感受，多去包容，而不是一直站在自己的玻璃罩里，不去接触外面的世界，也不敢对陌生的事物有所期待。不敢相信，不敢拥有，甚至不敢迈步向前。

真正的成熟，不是你看透了多少风景，也不是自己躲在无人的角落里，细数或回首往事。而是在去享受、去奉献、去感恩、去遭遇的路上，一次次顿悟自己的所得所失。

那天读到阎连科已经六十一岁，还在坚持早晨起来写作，写两三千字才肯休息。像他这样水平高又多产的作家，留给年轻的作家的忠告只有一句话，希望他们更具有“破坏性”。

我所理解的破坏性，就是勇敢地打破从前的生活、一成不变的戒律，以及自我的界定。不管我们遭遇了什么，都要试着去打破它，重新认识它、组合它，这样的过程会让我们更了解自己，更理解别人。

我想，亲爱的凌琳，如果你可以打开眼前的界限，不仅爱自我的修行，更喜欢去探索，去经历，更具有开放性思维，愿意走出自己的玻璃罩，你会被更多人认可或喜欢，而在我看来，这才是出世入世里最好的修行。

就像有人问晚年的奥地利心理学者、精神分析学派鼻祖西格蒙特·弗洛伊德，人最重要的是什么？研究了几十年的心理学和对人生的洞察，他总结了两句话：去爱！去工作！

谨以此献给前行路上的你我。

我们真的不会好好爱一个人了吗

看完电影《比悲伤更悲伤的故事》，我泪流满面，应该用完了两包卫生纸。一旁的徐先生眼泪打转，仰头看高处。我们都很动容。

但真的走出影院，开始讨论这部电影时，我们却不约而同地认为，这真的是漏洞太多的一部电影。

可能是这一两年内一直在写爱情小说的缘故，原谅我已经没有办法接受逻辑有许多错误的故事。随着对爱情、婚姻的深一步理解，我突然意识到，一部好的爱情作品应该带给观众怎样的价值输入，已经远远大于它带给人的情感体验。

我可以相信女主和男主之间深爱着彼此，也可以相信他们在同一个屋檐下住了十多年，却依然没有发生和爱情有关的事。

但我们无法相信的一点是，当女主知道男主生病要离开这个世界，他最后的心愿，是她找个好男人结婚。

即使我们相信了他最后的心愿，也相信了女主愿意陪他演完人生这场戏的决心，但也绝对无法接受女主刚刚结婚，突然之间就离开了家和先生，看着男主死在了自己的怀里，自己也自杀了。

爱情真的很伟大，就像电影中的一句台词所描述的那样，如果爱情能说得清楚的话，就没有那么多人会为爱情悲伤了。

可是，爱情是可以说清楚的啊。比如翻拍的韩剧《比悲伤更悲伤的故事》，其实逻辑能力和故事能力要厉害得多。

你完全能够感受到不同视角的人，来看这件事情的时候，从另一个视角带给我们的感动。

如果真的说不清楚，就去看看那些爱情的电影、小说吧。比如杨绛先生笔下《我们仨》中的至死深情，一个老人在怀念爱人时，写下：锺书，我们只是走散了，我会去找你啊。

在一场爱情中，我们首先要尊重自己的内心。

怎样才算爱一个人呢？或勇敢，或沉默。

我最钟爱的一部电影是《泰坦尼克号》，杰克爱上了露丝，就勇敢地去追求。

在关键时刻，杰克把生存的机会让给了所爱的人露丝，自己却在冰海中被冻死。他留给她的最后一句话是“好好活下去”。这是他的心愿，也是这场电影最打动我的情节。毕竟这个世界上，真正的死亡并不是我们生命结束的那一刻，只要这个世界上有人在想念你、怀念你，你就还是活着的。

杜拉斯曾写过《情人》，当女主看着男主的车缓缓离开，男主和女主从此就要天各一方，女主和男主才发现彼此爱着，或者是根本无法舍弃。男主流下眼泪，不敢回头看女主。多年后，他还在怀念女主，寻找她的下落。

没有勇敢，只有沉默，这也是一种爱，细微之处，让人动容。还有，我们也要尊重其他人的感情，任何人的感情都一样高贵。

在《比悲伤更悲伤的故事》中，女主顺利地找到了条件很不错，但已经订婚的牙医。男主找到了牙医的未婚妻，说了一句话："我爱的人爱上了你的未婚夫，我期待你和他结束。"

我们为什么认为自己的感情就一定高贵于其他人呢？然后编剧编了一个看似顺理成章的逻辑——牙医的未婚妻有着很放浪的私生活，她可能没那么爱他。

可这个逻辑有个漏洞，知名的摄影师、生活优越的牙医，他们有整整六年的感情，爱得没有那么深，却在牙医的要求下结婚了。

更有漏洞的是，女主也在暗自接触牙医，牙医吃了她送的晚餐，相处几天，莫名就爱上了女主。电影里说了，爱情是说不清楚的，所以一切理所当然。

女主和牙医结婚了，男主看似终于可以放心离开这个世界了。但女主在婚后放弃了所有，不顾一切地去找男主，放弃了婚姻，并陪伴着男主一起死去。

我可以理解他们感情很深，可能已经超越了友情和爱情，是一种至深至死之交。我也完全相信，在感情面前，死亡不算什么。我们为了爱情的任何牺牲，只要心甘情愿，都是理所当然。

我所不能理解的是男主和女主的做事方式，为了爱情，毁掉了另一段爱情，为了爱情，又毁掉了一段婚姻，为了爱情，又毁掉了一个女孩的生命。

所以，爱一个人的时候，一定要尊重其他人的感情。一旦有了婚约，一旦决定和一个人结婚，两个人除对方以外的感情都要清零，如果做不到，就不要轻易结婚。而现在电影这样去演，越是到最后，我越无法被感动，只是觉得牙医很无辜，放弃了前女友，不被爱，又被妻子放弃了婚约。男主是身世可怜，男二的情感遭遇也太可怜了。

虽然说爱情中注定有个人是不被心疼的，可这个电影中，受伤的人也太多了，这才是比悲伤更悲伤的故事。

韩国有部剧叫《对不起，我爱你》，也有类似的情节，女主太爱男主了，她最终殉情而死。但我们之所以会心疼女主的原因是，她从始至终没有伤害、利用、牺牲过别人。

还有日本的纯爱电影，岩井俊二拍摄的《情书》，博子在已经逝世的未婚夫藤井树的忌日当天，还是怀念树。她找到了树过去的一段记忆，发现了未婚夫曾深爱一个女孩。博子还爱着藤井树，却开始试着释怀。电影清新隽永，在我看来，这才是爱情的模样。即使我放不下你，想念你，怀念你，但我知道，一旦你离开，我就要成为崭新的自己，开始新的生活。

因为我们要认识到一点，像《泰坦尼克号》中的露丝一样，带着爱和怀念好好活下去，才是对死者最大的尊重。

电影《寻梦环游记》中说：遗忘才是最终的告别，真正的死亡是世界上再也没有一个人记得你。

活着才需要勇气，才是对对方最好的爱啊！

因为最好的爱情，一定是爱你，也爱我自己。

重复去做一件事的时候，已是最深的喜欢

今年四月，我刚刚来上海，就报班学钢琴。而我有想学钢琴的想法是五年前。

就在一个下午，我走过街道，看到一家琴房，突然下定决心要去学。我依然记得当时坐在钢琴面前弹奏的时候那种焦灼的状态，手还在钢琴上，却并不听我的指挥。我没有办法控制我的左右手，更不可能双手连弹。

我特别不自信，摊开我的双手给老师看，问他自己是不是特别笨的学生。

钢琴老师说他看了日剧《人生的果实》，里面有句话特别美，想送给我："风吹树叶落，落叶生肥土，肥土丰香果，孜孜不倦，不紧不慢。"末了，他还特意说，"尤其是最后八个字，'孜孜不倦，不紧不慢'，要找到自己对乐感和节奏的把控感，多听音乐，多让手在琴键上行走，就能弹好钢琴了。学钢琴没有捷径啊，就是凭着你对钢琴和音乐的这种热爱，一遍遍地去做，去感受，去熟练，才有提升。

还有，你得学会把自己放空，在我这里，你就是一个学生，而不是去教别人知识的讲师。”

一开始，我还是没有办法理解老师所言，于是，只好安静下来，慢慢地练习钢琴，一个音符、一个音符地去敲击，感受自己一点点进步。直到学琴两个月后的一个晚上，我好像有所顿悟，找到了节奏，双手突然变得很灵活，内心升起了一种愉悦感，很自豪，而且这种快乐的感觉只能私享。

很多事情都是这样的，你只有迈过去，才能意识到之前的问题在哪里，只有解决了，你才能有更多经验来审视自己余下的不足。而当你面对一个新的问题，没有时间的积累和思考，可能意识不到自己的问题。

学琴真的让我的心静了下来，我好像获得了一种前所未有的自信。开始相信自己能处理好很多事情，开始变得积极，开始遇见问题不再想去逃避。心中总有一个声音告诉我，去做吧，多做一遍，熟练了就会好起来。

因为我知道，时间可以让人积累东西，开始总是进展缓慢，你会有一些着急，甚至看不清方向，但总有一刻，时间会把所有的努力在某一瞬间送还给你，让你踏实、满足，还有一种收获的快乐。于是，我开始后悔，5年前的我为何不去学钢琴，如果那时就已经开始，如今积累5年，一定会有更深刻的体会和收获。

30岁，我突然开始喜欢这样慢下来的感觉，开始拒绝一些浅显的能够快速愉悦自己的东西，比如一些令人沉浸其中的、刺激我们的神经不断点下一个的音频或视频。我开始喜欢可以经得起推敲的东西，可以被深思熟虑的事物，深度思考带给我的不只是成长，更多的是内心对自己的肯定和自信。

我刻意地慢下来，慢慢地走路，把喜欢的书再读一遍，把自己之前写的文字再看一遍，和朋友交流时，我不再像以前那样急切地表达自己的想法，若对方与我意见不同，我也不会再鲁莽地顶撞。

此时，我更愿意放空自己，听他人不同的看法，了解他们看世界的角度。

这段时间，由于工作的安排，我走访了很多人，想去看年轻的我们拥有生活的另一种可能，去感受不同的生活方式。我拿着名单去拜访了心理咨询师、茶艺师、插画师、陶艺师等。

他们无疑都是很优秀的人，围观他们的生活之前，我曾主观地以为那些人之所以能过上自由的生活，任性地做自己想要去做的事情，多半原因是他们拥有足够多的东西，可以支撑他们的梦想。

直到一一走访结束，我才知道，不管怎样有趣或无趣的生活，每个人都有自己的课题要做。他们之所以比一些人走得快、走得远，原因就是他们把自己喜欢的事情做了一遍又一遍，直到重复做这件事成为生活的一部分。他们内心早已接纳如此生活。我越来越深刻地意识到，重复去做一件事的时候，不排斥，不矛盾，不拒绝，不拖延，就已是最深的喜欢。

那个插花的老师早年留学日本，白天读书，晚上打工，每天睡很少的时间，有些辛苦，但她骨子里又是倔强的，她不服输，慢慢地坚持了下来。她心中时常觉得很累，这种疲倦无法用日常学习和工作来缓解，直到她遇见了插花艺术。

初次接触插花艺术课，她就站在教室的外面，看里面的女人谈笑，很羡慕她们。她们坐在里面听，她就站在外面看。她开始买很多插花、艺术类的书籍去看，提升自己的审美，去花园观察每一株花的生长，买一些花自己琢磨、摆弄，非要折腾出不同的造型，不同的感受，才觉得满足。

她一遍遍地观察每一朵花、每一根枝叶，深入了解植物们的习性和生长特征，逐渐明白花、枝叶都有独特的韵味。

审丑是审美的一部分，如果你意识不到事物丑的一面，也自然欣赏不了它的美好。

现在她已是很棒的花艺课老师。我与她相处的时刻，她只要不说话，我便觉得她是一朵花。如此性情，如此境界，我认为是她一遍遍锤炼自己后，生活给予她的嘉奖。

一遍遍去做，一遍遍去感受，在这个过程中，喜欢的事情俨然已成为身体的一部分，无法分割。当你与喜欢的事情融为一体时，才是最深的迷恋。

一次次尝试，一次次失败，当我们享受其中，我们的心境早已在这锤炼中变得更为执着、纯粹，这样的信念，支撑我们走更远的路。

但愿我们都可以遇见让自己喜欢且着迷的事情。

第三章 爱你的人，正踏云而来

未来的路还很长，此时，爱你的人，正踏云而来。他穿越人海，只为与你相拥。他会一直都在你身边，把握和你在一起的每一分一秒，去创造美好。

那些都很好，可惜我并不需要

每到年底，城市都会格外热闹。北京这个时候，一些树木会被裹上红色的绸缎，大厦、工作间都摆上了圣诞装饰物。一到夜晚，广场上便亮起银色的树木，像是闪烁不眠的眼睛。上海也一样，整个商场的周围火树银花。

整个世界都在告诉你，这是最繁华的时刻，尽情享受吧。

在这喧闹中，我的内心反而总会生出一种奇怪的忧伤，觉得这一年就这么过去了，仿佛和去年一样，一无所获。时间并没有特意流逝很快，也没有故意为我放慢，只是随着成长，我愈加觉得每一年都格外快。

我跟着人群走过世纪大道的某个商场，又顺着人流走了一会儿，几乎快要迷路，才找到最初喜欢的那家卖礼物的商店。这里特别文艺，各种好看的礼物更是琳琅满目。可惜我找了一圈，也没有找到我最爱的那个小鹿。

服务生给我推荐其他礼物，都很漂亮，但都不是我所需要的。

可能是很久不出来逛街的原因，灯光特别明亮、装饰时尚又独特的店面，让我有一种疏离感。它们在一起朝着我喊，想尽情地把我拥入怀中。我却面色淡然，似乎与这里的一切格格不入。

记得我特别年轻，还在读大学时，每当跟室友一起去逛街，总能感受到内心涌动着对未知事物的热情，尤其是华丽而昂贵的东西，总能吸引我们，又苦于无法拥有，只能自卑地憋着一口气，一边走一边呼出来。今日，当我终于长大，有钱享用的时候，却对华丽的物品失去了想拥有的欲望。

依然记得那年冬天，我工作的第一年，跟着一个叫Maggie的女孩，去看她妈妈在国家大剧院的歌剧演出。整场剧特别热闹，所有的演员穿着西班牙风格的衣服，唱着我听不懂的西班牙语民歌。

舞台上特别热闹，但座席上又特别安静，我听不懂，只好猜测这场剧在唱什么，讲了怎样的故事。直到结束后，我才鼓足勇气问Maggie台词在哪里。我一直记得她想笑又不好意思笑的表情，只见她用手指了指台子的下面，我看到了一排汉字：欢迎下次光临。

我突然间觉得有些羞耻，毕竟这是别人从小习惯的生活，而我直到大学毕业，还不知道在哪里看台词。

可今日我已长大，也终于拥有了去看歌剧、舞台剧、话剧等演出的机会。之前在北京时，因为出书，也得到了一些可以写影评的机会，却失去了去看任何演出的冲动。

从懵懂地可以为任何事物流下眼泪，到冷漠到总以为世界只有自己一个人，前后不过几年的时间，突然从一个血性方刚的年轻人，变成了一个独立的中年人。

我并没有老去，依然有好奇心，有探索欲，有分享的念头，却没了想说话的朋友。

从清晨到黄昏，也懂得最好的一切都在这世间沉沉浮浮，但也终究明白，自己的心可以允许沉下去的东西消失，浮上来的东西飘远，并不是不珍惜，而是更尊重万物自由，或自有来去。

我还是我，像年轻的时候一样深爱着这个世界，也有所爱的人，也被很多的人爱着。

我在每年年底做总结分享，站着给小伙伴们分享这一年的收获时，我由衷地觉得自己真的很好，感谢这一年的经历，把我变成了一个更好的人。但我不知为何，每次分享结束后都想泪流满面，回想最初的自己，一个人站在偌大的城市，分不清方向，更看不懂敌我，也不明白身边的人所言的话外之音。

那时候我就是那么纯真、幼稚，带着一种莫名的天真、傻气，我真的没有想过，多年过去，我会在城市中间游刃有余。我一直很努力，只为了不出错、不出丑，要求并不高，和所谓的精彩、光鲜亮丽总有很大的差距。

有人在羡慕我，有人在讨厌我，有人在靠近我，有人在远离我。之前我会很在意，每次有风吹草动，内心就风起云涌。到今日，我终于可以平静地面对一切。当我被否定、被误会、被伤害时，终于不会再像年轻时那般去解释、去争取、去着急。

我开始慢慢变得坦然，接受自己所拥有的一切，优点、缺点，都分外明显。

就如同蔡依林在演唱会上说的：“喜欢我的人跟讨厌我的人一样多。但我学会了把不好听的声音关起来，武装自己，很坚强地站在你们面前。”

我只是一个普通人，一个在路上修行、可以逐渐变得更好的人，一个内心柔软如云朵、骨子里坚强的人。

这些年，我去了很多美好的地方旅行，见了许多人，听了许多故事，白天的时候会羡慕那些人，晚上的时候可以清醒地认识自己的所需。

我还是我，不再是当年那个害怕丢掉工作，在北京的夜晚痛哭流涕的小女孩，不再是那个憋着心事，一脸迷茫，觉得自己一无是处的小女孩，也不再是那个为了爱飞蛾扑火，不在意对方是不是也喜欢我的傻姑娘。

可我又还是那个我，可以后退，也可以前进，充满勇气，不停地追寻美好善意的我，也是那个有过心碎，有过绝望，但可以咬着牙走过很长一段黑暗的路的我。

我没有想象中那么好，没有变成自己所讨厌的人，也没有变成自己想成为的样子，但遇见了真正爱我的人。

一路虽然坎坷，但我总能上一秒还在怪罪那个伤害我的人，下一秒就原谅他们了。我从未真正地原谅或放过自己。

我还不够好，但我决定原谅自己了。那些得不到的美好，也终于可以从容地面对了。

这一年的冬天，我特别喜欢的作家金庸先生离世，他的作品中有这样一句话："那都是很好很好的，可是我偏偏不喜欢。"

那时的我还小，总也不明白怎么会有人不喜欢很好很好的东西。现在的我终于懂得，很美好的事物，我们不一定适合，不一定需要，何况我们谁不知道，越美丽的事物越危险。

放过自己，没有人天生强大，也没有任何事物天生完美。

可能以后我还是会很脆弱，但我已经不再害怕了。

可能不管我怎样努力，不管我如何前进，都无法成为更好的自己，但我已经原谅这一切了。

后来他们说起你，我哭得很开心

我少时听刘若英的《后来》，只是觉得好听，并无太多感觉。我也曾在感情中跌倒、受伤，再听这首歌时，会泪水湿了眼眶。直到某一天的夜晚，我和朋友出差，在杭州的咖啡店再听这首歌，内心已无波澜时，我转过头和朋友感慨："当这首歌不再打动我的时候，怎么突然觉得青春要结束了？"

朋友打趣："那你的青春结束得有点晚，这样抒情的慢歌，我早就没了感觉。我喜欢听那种没有歌词的纯音乐，或者动感十足的歌。"

前段时间，我陪一个合作方的代表周小姐前往失恋博物馆，本意是去考察项目，结果进了里面，周小姐一边看一边哭，完全顾不得形象，对着我一直说："对不起，对不起，这些东西都太真实，真实得让我想到了过去。我不是难过，我挺开心的。"

真是一个可爱的女人，一个性情中人。

我连忙回答："你为美好的感情，哪怕是已逝去的感情落泪，何必要抱歉。毕竟在现实生活中，我们的情感棱角早被磨平，若能遇见触动心弦的事情，多么可贵。”

参观完失恋博物馆，周小姐说：“如果没有来失恋博物馆，我都以为自己已经忘记了一些人、一些事了。有时候不敢想，自己曾经那么爱一个人，现在却觉得那段感情好像从未发生过。”

周小姐前往捷克出差，要在那里待上一个星期。她的朋友建议她可以搭车去奥地利的哈施塔特小镇游玩，于是，她坐了五个小时的车，去了那个山水环绕的小镇。小镇特别安静，每间房子都有鲜花，空气中满是山野间的清新味道，让人心旷神怡。

周小姐被一小罐心形的石头吸引，正当她伸手去拿，没想到伸来另一只手。两只手互相触到，又立刻分开，有些尴尬。于是，周小姐转身走掉了。

巧合的是，晚上入宿宾馆的时候，她又一次看到了他。

他笑着对她说：“那罐石头我也没有买，本想让给你，可你走得太匆忙了。”

她抬起头，见对方是一个羞涩的大男孩。

就在那一刻，周小姐告诉我说，她莫名觉得对方有种熟悉感。经过攀谈，两人得知彼此都来自北京，在哈施塔特小镇偶遇，两个人异常开心。

美景让两个人畅所欲言，周小姐在彼此的交流中找到了一种久违的快乐，她相信对方也是这样的感觉。他的眼睛一直看着她，每次她认真地看向他，他的眼神又会立刻躲闪，不敢直视她。

他们在哈施塔特小镇游玩结束，回到国内后还是密切地联系着。男孩经常送她礼物，各种美食、鲜花，还有演唱会或话剧门票。周小姐每次前往一个国家出差，就会买一件精致的纪念品送给他。

他说："我会好好保存你给予我的任何东西。"

周小姐也妥善收藏着他送的东西，已经把两个人的偶遇当成了爱情，她好几次邀请他去见自己的朋友。

但男孩还有些游离。在这不确定之间，周小姐怀疑这段感情里还有其他的女孩存在。于是，在一起的时候，她趁着他不注意，翻看他的手机，却发现一无所获。他真的是干干净净的，对她也是一心一意。

他恰好发现她在偷看自己的手机，失望异常，却只是淡淡地说："我不喜欢别人怀疑我。我做好了接纳你的准备，打算带你去见家人、朋友。"

周小姐却被他的说辞给惹到了："什么叫准备好接纳我？我并没有想过要去见你的任何人，也没打算成为你的任何人。"

男孩被激怒。周小姐这才发现，两个人不合适的原因，是遇到事情都不会退让。而她也不可能找一个比她父亲脾气还要糟糕的人。

只是一件小事就能让感情中的我们立刻做出判断，可能这就是成人的爱情。

我们摸索着前行，不知对方是不是对的人，我们可以不了解他的过去，或现实中拥有什么，但他的一个行动或一个决定，却足以让我们重新审视这段感情。打败所有人的都是细微的事情。

那次争吵之后，周小姐任性地删掉了他的一切联系方式，觉得他不真诚。他却发疯地找她，恳求她再给他一次机会。

很多人每天都在说分手，却从未真正分开过。有些人一旦说分手，就是永远的告别。只是我们在经历的时候，并不知道结果是怎样的。但有了遗憾后，才分明感受到内心的伤痛。

对方送我们的东西都还在，这段感情并非空白。可它少了坚韧的东西，无法继续存在。有时候，脆弱的不是感情，而是我们。无法确定的未来，会随时让我们退缩，不再勇敢。

若再给周小姐一次机会，她会选择继续和他在一起吗？她无法回答。

时过境迁，人无法猜测，只剩下假如或如果的事情。我们只知道，凡是与后来有关的故事，都会是令人伤心的。每一个后来，都是一个故事。

在后来的故事中，我们终于成熟了，会拥有更宽容的心境，更能准确判断，但当时的那个人已经不在。故事如果被记住，它还是故事，可我们偏偏都是记忆力很差的人。

我也有一个关于后来的故事。如今，我终于实现了自己的愿望，成了一个写故事的人。

但当时那个说喜欢看我的文字，赞美我有才华的男生，在毕业的时候，纠结再三，还是牵起了另一个女孩的手。记得当时是冬天，北京下了很大的雪，我一个人走在雪地里，从三元桥走到了芍药居，走了很远很远的路。路上，我和一个同学发信息，问如果是他，会做怎样的选择。

他并没有安慰我，甚至到了后面，不再回我的消息。没有人会喜欢弱者。如同那句话所言：“境遇坏的时候，身边的坏人最多。”

我曾怨恨过自己，也真的无比羡慕过另一个女孩的家境，且无数次地想过自己若是她该有多好。而如今，我已经记不清她的模样，即使重新来过，我也是万万不肯与她交换人生的。

后来，我终于遇见了真正爱我、欣赏我的人，再想想那些在爱情中伤害过我的男人，都是不值一提的。我为他们流过的眼泪，走过的黑暗之路，做过的蠢事，都可笑而幼稚。

我写作的这些年，总有人来问我各种情感问题，或失而不得，或追不到手，总有无法放下的缘由。我每次都会耐心地与求助者交流，因为我能理解那种被暴晒在阳光中的疼痛感，赤裸裸的无法掩饰的伤感。

但愿后来的我们，都能豁达地笑对故事里的人。

朋友，我们终将消散在人海

前段时间我看到一则明星吸毒的新闻，觉得很吃惊，又看到这个明星的朋友发出声明，一连串的问号表示自己的无辜、不知情，让我有些心酸。大难当前，你的朋友没有声援你，反而质问你以示清白。

后面，他的朋友再次发声表示：人性无常，人世沧桑……你还是你，我还是我，我们还是我们，我们还能重回曾经洒脱、阳光的模样！

不管他发怎样的声明，我们都明白有些过去回不去了。他们俩是我曾经最喜欢的歌手组合。读高中的时候，他们唱的歌我几乎都会唱，歌词更是抄了一遍又一遍。如今，他们两人二十年的友情，共同经历的风雨、走过的路，只能以不堪收场。

可能朋友就是那个可以陪你走一段路的人，在一些时刻，他可能比你自己都重要，而在一些时刻，他只能是用来怀念的。

可在某一个时刻，我们多希望朋友可以沉默。有时，沉默也是一种理解。

臧天朔生前最出名的一首歌是《朋友》，几乎人人都能唱上几句。朋友们对他众星捧月，用北京话来说这是局气，是豪气。他身上一直有两个标签，一个是“摇滚歌手”，一个是“江湖大哥”。可再光鲜亮丽的人也有陨落时，2018年的秋天，他因癌症去世。遗体告别仪式上，摇滚界的半壁江山都来了，唯有那个年代摇滚圈的另一位巨星窦唯没有出现。

众人纷纷指责。毕竟臧天朔和窦唯有着很深的交情，窦唯曾一怒烧掉了记者卓伟的汽车，是臧天朔帮忙，才帮他渡过难关。

臧天朔去世后，窦唯沉默了一段时间，特意出了一张专辑，专辑里只有一首歌——《臧公安魂》，他把所有的怀念、情谊都写在了这首歌里。

这段友情也让我想起了另一个关于友情的故事。在此写下，以纪念友谊无价。

高更与凡·高是创作上的好朋友，相差五岁，19世纪下半叶的欧洲美学，两人缺一不可。

1887年，高更和凡·高相遇，两人一见如故。而后，凡·高去了阿尔，高更去了布列塔尼。

1888年10月，两人再次相遇，在一起生活、画画两个月，后告别。凡·高画了一张自画像送给了高更，画中，他是一个东方僧人。高更送给凡·高的自画像下面，则用法语写着“悲惨世界”。

凡·高画向日葵，画星空的秘密，画街头的酒吧，他最喜欢画的还是自己。后世研究者，有的说疯狂的凡·高每日画光，每一笔色彩都有延伸、变化、方向，也有的说当时凡·高的视力出现了问题。不管怎样，他的画的确是在流动。

1890年7月，凡·高举枪，结束了自己的生命。

高更没有参加凡·高的葬礼，很多人期待他发出声音，他却一如既往地沉默，而后选择了出走，放弃了巴黎的豪宅、丹麦出身的高贵妻子、五个可爱的儿女、名贵古董、艺术品等所有的一切。他远渡大洋，去了塔希提。在塔希提，他画了无数惊慌失措的毛利裸体少女，而当时欧洲流行的女性裸体无不自信、轻松、愉悦。之后，他画了无数白马。再后来，他画了骑士，骑着一匹红色的马，行向远方。

最后，他双目失明前画出了举世名作，却没有一个人陪在他身边。他唯一的遗愿，就是销毁最后的巨作。

命运交错，两个画家就此相遇，因为对绘画和人生有相似的理解，成为真正的朋友，又因不同而碰撞，以至于分道扬镳。最终，他们无人追捧，尤其是凡·高，潦倒一生，没有名利，无人追逐。高更就更为英勇，主动放弃了尘世所拥有的。

两个朋友，两种人生，沉默的时候，我是在保护你，喧闹的时候，我来衬托你的光辉。我懂你，所以我知道什么时候挺身而出，什么时候全身而退。我对你的真心，不必所有人都看到，但我一定会为你做点什么，以示我还在。

徐先生最近迷恋上了金庸所创造的江湖世界，把《天龙八部》看了一遍又一遍，几次落泪，对我感慨金庸笔下的真情世界就是他特别向往的，尤其是乔峰、虚竹、段誉结义那一段，他反反复复看了多次。然后他怀念小时候和几个小伙伴被围困，而后齐心突出重围，像电视里乔峰三人结拜那样，也拜了兄弟。

我问："那你还记得自己的结拜兄弟吗？"

他立刻跟他的结拜兄弟视频聊天，两个人互看着屏幕上对方的大脸，竟然聊了一个多小时。他挂了电话，依然恋恋不舍，无比怀念他们一起走过的兄弟时光。

徐先生与我不同，他朋友很少，却很久。每次我和他聊天，告诉他这是我的好朋友某某某，他都很惊诧，觉得我的好朋友未免太多。

慢慢地，我们才发现，原来是我们对朋友的定义不同，衡量的标准也不一样。唯一真实的结果是，我们身边剩下的朋友并不多，但他们才是真正的朋友。

真好，徐先生，愿你如金庸老先生笔下侠骨柔肠的英雄，一直正义，而你的朋友也一直在你身旁。你沉默时，他们懂你，不离不弃，就像小时候的情谊那般真诚又认真。

你会偷偷地翻看男朋友的手机吗

一个加入我们读书会的女人，经常趁着她先生洗澡的时候，偷偷地翻看他的手机。若发现手机上有不认识的女孩，一定要查出所有的细节，觉得有任何一点儿不对劲，都要大发雷霆，逼着先生说明白那个女孩是做什么的，他们怎么认识的。若交代得不清楚、不详细，她就不分时间点，立刻给这个女孩视频通话。

她这样的行为每次都要吓到她的先生。

久而久之，她的先生变得不敢和别的女人说话或聊天，怕妻子多虑，更怕妻子打电话过去质问。

她得意扬扬地告诉我："得让一个男人怕你，他才不敢乱来。怕你，就是爱你。"

我却有不同的看法。怕可能是爱的表现，但这时候的怕，是害怕失去的怕，显然和害怕妻子胡闹是两种不同的表现。

她又继续问我是否会翻看自己先生的手机。

我说："从不会，因为这是对他最基本的信任和尊重。手机是我们最亲密的伙伴，代表了我们的内心世界。如果他愿意打开它，和我分享，我会很开心，如果他觉得有些不适合我看，我也理解，是为了保护我们的感情。”

并不是我的好奇心不强烈，而是，若我偷偷地翻看他的手机，看到让我伤心的事情，我会多想，我们之间会有不必要的误会。而误会是爱人之间最大的伤害。所以，我从不会偷偷地看徐先生的手机。

这也让我想起简同学，她跟我抱怨说刚刚结婚的先生并不“诚实”。当然，她所谓的不诚实，是他喜欢隐瞒她一些事情。比如，他在外面还欠一些钱。

她的先生的回答是他有能力偿还，而且正在有计划地偿还，不想让妻子担忧。

简同学却认为，相爱的人之间最好做到彼此透明，心心相印。

简同学的先生只好道歉：“对不起，我只是不想让你看到我狼狈的一面。”

简同学是一个缺乏安全感的女孩，在爱情中，她必须要了解先生所有的行程、行动，他去做任何一件事，都要汇报给她。如果简同学的先生做不到，她就会恐慌。

简同学的先生却认为，即使两个人相爱，也要保留一些隐私。最好的爱不是全盘托出，而是我把不好的自己承担，把美好的一切给你看。你不要撕开我的所有，我不想赤裸地面对任何人。

周国平有一篇散文写得特别好，他写道：“爱人其实是黑暗中并排前行的两个人。我们选择了彼此，一起走路，一起抵御孤独。走一段路也好，走一生的路也罢，不需要全部了解，只需要知道你在我身边就好。”

请原谅，因为一些人真的无法在任何人面前展现所有，每个人都有秘密，一些事情只能在黑暗中行走。

曾看过一部韩国电影，一个军官爱上了其他的女人，他本可以按捺自己的感情，离开那个小镇，重新生活。可是，他的妻子发现了异常，像福尔摩斯侦探一样，从他生活的日常细节中，推断出了他的心思。

她逼着他说出所有的故事，他说自己内心是喜欢过一个女人，但他不想打破眼前的生活。他想让她不要在意这件事，也不要再深究，他不会做任何对不起她的事情。

她却没有听从他的请求，反而找到他喜欢的那个女人，以求证自己的先生是否在撒谎。其实军官的妻子只想知道一个真相。

那个女人听罢，只是幽幽地说：“唯一的真相是，你已经不再信任自己的先生了。而不被信任的爱人和不被相信的婚姻，都是危险的。”

军官的妻子这才恍然大悟，不过为时已晚，她的先生知道了她们见面，对她很失望。他提出了离婚，说自己不想再和一个揪着他秘密不放的女人生活下去。

结果自然是悲剧。他的妻子后悔不已。

每个人都是独立的个体，即使是最亲密的爱人，我们也无法时时刻刻融为一体，拥有一样的想法、一样的情绪、一样的心态。

最好的爱需要一点儿距离感，一点儿神秘感。好的婚姻应该像放风筝，并不是任由他飞，而是手中要时刻牵引着这根线，但不要死死地拽着它。

我是一个很勇敢的人，但事实上也是一个没有太多安全感的人，尤其是在爱情中。

三十岁的时候，我才遇见徐先生。之前的爱情更是挫折不断，每次我都很受伤，会伤心很久。父母一直催我相亲，当我到了三十岁，他们不再催我的时候，徐先生突然光临了我的人生，给了我无限惊喜和希望。

我们在一起后，我爸爸常常对我说一句话，让我在婚姻生活中一定要学会宽容，不要太情绪化，也不要太较真，给对方留有余地，留有空间，不要凡事都搞得特别明白，人生就是难得糊涂。

徐先生大部分时间都是在空中飞行，我很少对他提要求。有时，我看一些文章里说生活需要仪式感，比如每天互道晚安，每天一起做早餐，每周一起看电影，每个月一起去旅行，要求对方必须在三分钟内回微信，诸如此类，我却没有提过任何要求。

有时，他会连续飞十多个小时，我们也没有联系，我并不觉得慌张。

我只想我的爱人在我身边，会有一种发自内心的快乐和自由。当他难过的时候，会认为我才是能安慰他的人。当他发了工资，拿了年终奖，在飞行中有了一些成长或体会，他获得了生活中的任何小确幸，都会与我分享，这就足够了。

不一定非要把爱人所有的东西都拿出来，晒在太阳下，细数哪些自己还不知道，还没有拥有。

每个人都有保留他生命中任何事物的权利，包括他的秘密。

作为一个成熟的女人要明白一点，婚姻是一起往前走的一条大路，我们虽然结伴而行，但我们都是孤独的、独立的。作家亦舒将人生比作考试，人生的试题一共有四道题目，学业、事业、婚姻、家庭，平均分高才能及格，切莫花太多时间、精力在任何一题上。

所以，不要把过多的精力都放在去看另一半的缺点上。做另一个人的福尔摩斯侦探很累，但做他最好的爱人，就会轻松愉快得多。

走出舒适区，成长路上不要停

一个作者的新书发布会上，我是主持。在现场听到这样一个问题：一个女孩大学毕业五年了，工作一直不稳定，或者是她并不太想要特别稳定的工作，她和男朋友最近感情处得不好，他觉得她不够稳定、不思进取，她觉得他木讷、呆板、没有情趣。

她的人生理想就是自由随性一点儿，她每个月只需要三千元的生活费，就能生活得很好。其实，现在四五千的工资在她看来已经很多了。她小时候家境贫困，本以为自己走不出那个村子，现在能够留在上海工作和生活已经很知足。

所以，她工作以来都是兼职状态，也从不羡慕那些全职的、能赚到比她高五倍工资以上的人，觉得自己已经实现了理想的自由生活。男朋友不理解她，希望她改变，找一个安稳的工作，然后结婚生子。她不想以赚钱为乐趣，想自由一点儿，因为她是一个低欲望、低需求的人。

她要不要按照男朋友的要求去改变现在的生活状态？

听完这段描述，我记得那个作者给出的建议是："人没有必要活在他人认为对的价值体系里。在一些国家或地方，人们需要多少钱，就跑到外面去赚多少钱，然后回到家陪伴家人，心安理得地生活。如果家庭不需要钱，他们就不工作。如果你愿意像这些人一样满足现状，并享受现在的生活，也未尝不可。"

女孩满意地点点头："我挺喜欢现在的状态，不想改变。"

话筒传给了我，我竟然一时语塞，有许多建议，却又不知从何说起。我只是问了女孩一个问题："你有过梦想吗？曾经想成为怎样的人？"

可能这个问题太普通了，她笑了，半开玩笑地说："想成为一个自由的人，过自由的生活。"

"具体一点儿的规划呢？"

她思考了一会儿："就是成为化妆师。可干这行昼夜颠倒，我身体弱，现在只能接白天的活，晚上的罪受不了。我身边也有朋友做这行，比我赚得多多了，白天晚上都特能干。我不行，我觉得睡眠比赚钱重要，是人生中最重要的一件事。每个人的时区是不一样的，我现在只想按照自己的节奏生活，等风来。"

我又问道："你现在的工作状态和收入足以抵御将来未知的风险吗？"

“明天和意外我不知道谁先来，我听天由命。”

现场哄堂大笑，我却陷入了沉思。女孩随意、慵懒的姿态，我可以想象到她男朋友失望的样子。最可怕的不是一个人过着混沌的生活，而是她从未认识到她所做的一切，会给自己以及身边的人带来怎样的困境。

可能在女孩心中，赚钱并不是最重要的，但如果在一个行业很多年，薪水依然止步不前，一定要反思自己的职业技能是否有提升，自己有没有被人认可。毕竟，在所有的人逆流而上时，你没有进步，就是后退。

可能这个时代真的流行“小确丧”，“丧”到不想突破自我，不想改变现有的生活。可若真的放任自己置身在这样的环境中，你会得到真正的安全感吗?

日复一日，时光飞逝，虽然每个人的时区是不一样的，但机遇只属于一直默默准备的人。而时间也是不等值的，就像这个女孩梦想做化妆师，如果她肯潜心钻研，积累客户和资源，三五年后，她会拥有更多的底气，赚到更多的钱，才会得到真正的自由。

我们被自我的枷锁困住，认知能力有限，根本看不到世界有多大。更可悲的是，很多人并不想打开自我的世界，他们说“丧丧”的生活挺好，不功利、不辛苦，不追求特别好的生活，也不逼自己再前进一步，停留在某一个相对熟悉的舒适区，并祈祷世界不要变，身边的人也不要走远。

可这样的期待，在我看来更像是奢望。生活中应先天下之忧而忧，后天下之乐而乐，有点儿危机意识，才可以走在自己所在行业的前沿。

还有一个问题，我们不去尝试，根本不知自己究竟喜欢什么。

最近看了《奇遇人生》，节目每期都会邀请一个明星去陌生的地方，再重新去审视从前的生活。于是，小S去非洲看了大象，春夏去追了龙卷风，窦骁去大洋洲攀爬了最高峰。最让我受触动的是，朴树在古巴骑摩托车。节目一开始他就后悔了，表达自己只想一个人在家发呆。

节目中，他要乘坐当地的摩托车，开始一段骑行之旅。对此，他很抗拒地表达："我只想在屋子里做瑜伽，这不是我想要的。"但他真的搭乘了摩托车，却发现自己很喜欢，下了摩托车，他还跟大家说，"你们都该去坐坐！"

我依然觉得女孩可以稍微改变，走出自己的舒适区，听从男朋友的建议，去外面的世界看一看它的精彩，多去体会拼尽全力之后释然等待结果时的坦然，多去感受一步步往前走时的艰辛和期待，包括失败和无奈，当你看到了世界的多面性，能力提升到一定的高度，再放慢脚步，选择想要的生活也不晚。

你走了更远的路，才能看到更多的风景。可惜，或许困于眼界，或许困于懒惰，我们常常止步不前，就以为此时的生活已是内心所向，认不清自己的所需。

当然，我并不是鼓励女孩去过那种每日劳碌奔命的生活，反而期待她真的能认清梦想，去尝试接受男朋友的建议，去尝试比昨日的自己更努力一些，去尝试找一份全职工作，看看自己会有怎样的改变，心态是否更为平和、欣喜，人生的目标是否更为有趣、清晰。

生命个体的不同，生活方式选择的多样化，让我们看到人生的无限可能。但我依然期待年轻的时候，我们都是可爱的理想主义者。成长的路上患得患失、犹豫不决，在所难免，最为可贵的是你一直去坚守，去保护自己的理想主义，这不仅需要勇气，更需要脚踏实地，为梦想坚持、付出。

李嘉诚曾说过：“鸡蛋，从外打破是食物，从内打破是生命。”

希望我们属于后者，活得精彩。

把爱情当作全部的女人，小心会输

有的时候，我对爱情很失望。失望的原因不是遇不见，而是人的不珍惜。

先是张丹峰，后是许志安，都犯了男人这一生可能会犯的错。有的男人躲了起来，不予回应，有的男人在舞台上哭得歇斯底里，恳求爱人和众人的原谅。

又有大学同学果果闹离婚，原因是她的先生经常打她，这次之所以不能忍受，是因为他明明知道她怀孕了，还是打了她。他倒是很精明，不打她的肚子，只是掐她的胳膊和腿。她告诉我，很疼，一片片瘀青。

我前往她的城市看她，她的先生躲着不敢见我，只是在微信里一直给她道歉，希望她原谅自己。她看向我。

我问她："你还记得最初你们相恋的时候吗？"

那时，果果还在读大学，和先生异地恋。他们刚刚在一起的时候，朋友们都说他们俩不合适，可能就是一种感觉。

但她很执着。即使是被保送到我们学校直接读研，她毅然放弃，跟随现在的先生前往他所在的城市。导师也曾劝导她，让她一定要理性做选择。毕竟读研的机会难得，那个专业是法国某所大学和我们学校联合培养的研究生学位。

她摇了摇头，听从了先生的建议，说是要去过一种世俗的生活。其实那时的真相是她怀孕了，所以才那么斩钉截铁地选择了放弃读研。

我们都认为她肯定会后悔，毕竟我们大学的研究生还是很难考的，更重要的是，虽然那时我们很年轻，却隐约中为这段感情感到不安，替她不值。

果果带着对未来的向往，来到了他的城市，开始了全新的生活。有很长一段时间她没有发过朋友圈，更没有和我们交谈，几乎消失在我们的生活中，沉浸在她自己的小世界里。

一次出差，我曾意外遇见她，看着很幸福的状态，可能是胖的原因，莫名觉得她比同龄人苍老了许多。我们简单地寒暄了几句，她告诉我她一切都好。我说："为你开心。"

再后来的相遇，就是前几日，她突然在一个晚上给我打电话，说了她的故事。她说她现在过得很麻木，先生经常打她，她想离婚，也想见我一面。

就这样，我坐在她的面前，听她讲述这几年的婚姻生活。不幸或抱怨，大过了最初的期待和甜蜜。我很少给人建议，因为生活是自己的，其他人无权做任何决定。所以，大多时候，我也不能理解一些女人身边，盲目为她做决定、下决心的人。

然后我离开她，与她挥手告别。我在想，那个一毕业就嫁人的女孩，好像比所有人都多了一层保护，但终究还是会明白，生活是一个人的炼狱。即使匆忙嫁人，即使有一时的好运，遇见好的男人，也要懂得，最好的明哲保身，就是不断地提升自己。

可很多女孩在感情中，却很容易放弃自己，沉沦在情感中，不进取，也不再成长。

突然失去婚姻或爱情的人，比茕茕孑立更可怕。因为从温暖中走出来，会更受不了寒冷。

再去翻看那些被出轨的明星的履历，更是光彩夺目。可她们身边的男人，她们信赖的先生也是众人仰慕，那为何还是要背叛呢？因为人性总是复杂的，各种诱惑难以抵挡。可恨哪，人的自制力，有时并不听自己的话。

我的一个读者清清，前来哭诉自己男友的异常，他说自己工作压力太大，想分手冷静一段时间。女孩自己的状态是毕业了一年多，没有找到工作，比之前胖了十三斤。但她待他很好，每天照顾他的饮食起居，特别周到，也特别细心。她把所有的爱都给了他，把他当成了全部。

我察觉到她的男朋友可能有了其他女人。

读者对我说，这一点她可以保证，男朋友绝对不可能有别的女人，他根本没有机会接触或认识其他女人。再说，她还是相信他的人品，觉得他绝对不可能做出来这般事。

分手后，女孩继续关注男朋友的动态，却发现微信被屏蔽了，她不死心，又去翻看他的抖音。才意外地看到男朋友和一个漂亮女孩在旅行，视频里还分享了他分手后，立刻买了一辆捷豹，还给那位漂亮女孩买了许多首饰……

女孩悲痛欲绝，毕竟男朋友与她分手的理由，是他经济压力过大，可他到了其他女人那里，又成了如此阔绰的男人。她抬头问我："为什么？"

男人，或者人，本身就是这样奇怪的动物。喜欢的东西，可以不惜一切代价，不喜欢了，就随手放下。不要为任何人的任何举动而惊奇，而是要去理解人的瞬间千面。

年轻的时候，把你精心照顾男人的时间多拿去打理自己，多拿去工作，把你等待男人的时间多拿去提升自己，努力健身、学习。收回耗费在男人身上的心思，多去看看外面的世界，增长见识。

收好自己的眼泪，不仅仅是男人有泪不轻易流下，更应该是女人的泪要为值得而美好的事物落下。收好自己的行囊，即使独自上路，也不要黯然神伤，要懂得人生哪有处处保护我们的人，自己就是孙行者。

我之前读亦舒，很欣赏她笔下的女人。

看她写的故事中，女人们在成长中挣扎，爱情中痛苦，有时会纠结，有时也很狠心。可不管怎样，她笔下的女人们都很坚强、清醒。我曾经想过女人会衰老，但只要她愿意改变、成长，愿意付出，倔强一些，不认命一些，而不是任由时光蹉跎，这一生至少不会差。

毕竟，那些一门心思恋爱的女人们，终究会输。

聪明的女人们都会明白，一门心思恋爱，只想要爱情的女人，终究会输掉的。

在成长的路上，爱情，男人，只是人生的一部分。更何况，这一部分，是随着你越来越好，它才能锦上添花。

享受爱情是每个女人都会期待的，但期待的同时，一定要记得做自己。

正如作家柒柒在书中这样写道：我一直以为妥协一些将就一些，这个世界就会为我让出一席之地，后来才知道，一旦你失去了原则，很快就会溃不成军，你所在乎的东西，会一样样地失去。

所以，对自己好一点儿，比普通人多努力一点儿，坚持比过去好一点儿，对其他人宽容一点儿，不去计较，也不去争辩。向着好的方向走，多结交温暖的朋友，可以喜欢独处，但不要脱离世界太久，多赚钱，多存钱，不做无谓的牺牲，不讨好任何不值得的人或事物。

不沉迷在情感的漩涡中，不与渣男纠缠，能勇敢地与不堪的昨日说再见，说放下就放下，才是女人最好的姿态。永远保持清醒、理智，知道什么才是最重要的，什么是可以舍弃的，才能活得越来越明白。

如同一个作家所言：我愿每一个女人在失去爱情时，不会失去的比爱情本身更多，你还有自己的金钱、美貌，以及健康，更重要的是，即使到70岁，也有能重新开始的能力和决心。

这个世界上，没有任何人比你自己更爱你。

请你牢记在心。

记得活成自己的模样

怀孕之后，我觉得整个世界都变了。这种变化，极大地影响了我的生活。

尤其是最初，刚刚得知怀孕的时候，我的心情跌落到了谷底。一是担心这突然到来的生命的健康，更担心自己的生活和工作都会被此影响。

我记得那是一个冬天的晚上，我下了班，害羞地进了第一家医疗点，买了验孕棒。我手忙脚乱地按照说明书上的步骤操作了一下，结果显示两道杠。我拿着验孕棒，不敢置信。外面是黑夜，还下着雨，但我还是冒雨前往另一个医疗点，去买新的验孕棒。这次，我特意购买了六个。

我在洗手间一次次地测试，按照说明书，第二天早晨继续测试，测试完了所有的验孕棒，我终于认识到了一个结果，自己怀孕了。

那一天恰好是圣诞节，虽然是寒冷的冬天，但我开始觉得自己和身边的女孩都不一样了。我一改过去的风风火火，走路慢了下来，写作慢了下来，说话慢了下来，一切都慢了下来。我莫名有些自卑，整条街上灯火阑珊，好像都在为那些漂亮的女孩亮起来，而我很快就要成为一个很胖的脸上长斑的，或者是长了妊娠纹的孕妇。

多么可怕，我不敢想，也不敢同身边的人交流，说自己的变化。

我把消息告诉了妈妈，她祈祷我生一个男孩。我这才认识到，原来妈妈如此重男轻女。我把消息告诉了发小，想从她身上汲取一些经验，毕竟她已经生了两个孩子。她却告诉我千万别矫情，她一直很后悔自己怀孕后就辞职了，不知不觉间，再想去上班已是痴心妄想。中间闹离婚，不得已，她又生了一个宝宝，本以为稳住了婚姻，不承想，现在又要面临新的考验。

从身边的人身上接收的信息并没有那么美好，于是，我上网查了一下关于怀孕的文章，多半都是有些丧气，或者负能量的文字。

尤其是看到好朋友——晏凌羊写的关于生孩子、离婚的文字，内心更是灰暗了许多。我甚至开始怀疑自己是不是结婚、怀孕太早了。

可我明明已经三十岁了啊，平日里虽然感性，但遇见事情从不慌张，还能理性地指导别人，怎么在怀孕这件事上变得这么敏感?

我们结婚、怀孕、生子，这所有的过程，一定都是从爱情中走过来的。

爱情，是这个世界上特别美好的东西。如同花开，花开之后，终究要结果。不然，它就会颓败到泥土中，与泥土化为一体。我们不能只盯着其他人的心得、故事，只看到灰暗的东西，我们更应该去看、去听、去想一些阳光积极的东西，比如孩子出生那一瞬间，仿佛带着光，比如陪伴孩子长大，就像看着一个小小的自己在成长的兴奋，比如我们有了孩子，才可以享受天伦之乐。

随后，我坐下来，开始细细地翻阅自己写下的日记、朋友圈，不难发现，一路走来，我是爱徐先生的。

从最初，我为了他放弃了北京的工作和生活，来到了上海。到现在，每天都会牵挂他在做什么。再看看他，也应该是很爱我的。特意把房子租在距离我公司步行不到十分钟的地方，而自己航班结束，要两个小时左右才能回到家。家里的家务活，做饭、买东西，基本都是他来操心，他只希望我好好写作，看书，工作，画画。

他经常问我："今天过得开心吗？"只要我说开心，他就会得意地笑。

每次飞到了一个国家，一个城市，他都会录视频给我看，说以后一定要带我来这个城市旅行。

每次飞行结束，他都会给我带礼物。冰箱上贴满了全世界各地的纪念标，冰箱里冻着全世界各地的巧克力、点心、茶叶，都是我喜欢的口味和颜色。

他是一个很好的男人，以后也会是一个好爸爸。可我还是没有信心，或者，是当女人怀孕了，就会变得脆弱、敏感、多疑、焦虑，难以信任其他人。她会觉得自己虽然在做一件伟大的事情，但自己并没有那么多勇气。因为每个孕妇一开始只是一个小女孩，都说失恋或结婚是一夜长大，我却认为生孩子才是一个女人开始成长的关键时刻。

我之前总认为女人产后抑郁，多半是因为自我调节不够。但现在，我看新闻上写，新手妈妈跳楼自杀，或一个妈妈带着两个孩子寻死觅活，我真的很能理解她们内心有多煎熬，这是她们对周围环境和人的失望长期叠加积累，但我绝对反对女人们去那么做。

因为人生的出口不止这一个，死亡并不能解决问题。死亡只是人生终结的一小部分，还有更多的事情等着我们去做，去参透，去经历，去顿悟。这段苦旅真的不是你一个人在走。同行的路上，我相信每个女人都经历过无数磨难和煎熬。活着不易，但活着的每一天都很美好。

现在的我开始对女性，尤其是当了妈妈的女性有了新的认识，觉得她们真的很伟大，又很脆弱，很有勇气，很坚强，也会经历狼狈、委屈的时刻。我更能理解中年女人的内心世界，可以比少女更柔软，更温柔，也可以比她们更勇猛，更坚韧。

成为孕妇，成为妈妈，是人生的另一个新的阶段，女人们应该获得新生，对生命对生活有新的认知，到达一个新的高度。这个阶段可以狼狈，可以劳累，可以沮丧，但我不想后退，我想成为更好的女人，为了我自己，也为了我的孩子。

我慢慢地接受了自己即将成为一个妈妈，开始定期去医院检查。

慢慢地，我的身体越来越臃肿，白头发多了许多，脸上一直长痘，肚子上开始有了妊娠斑。有时，看我和徐先生的婚纱照，还有之前的照片，望着清瘦的自己，再看看镜子中臃肿的我，也会有一种失落感。

但同时，我会立刻改变一种想法，觉得很骄傲，毕竟我孕育了一个生命。

我最重要的事情，是成为这个生命的榜样，给孩子力量、温暖、美好的东西。而这一路的艰辛，真的不算什么。

我依然坚持上下班，似乎比从前更努力了。我内心充满了感恩和勇气，这两样品格是支撑一个妈妈战无不胜、所向披靡的武器。

怀孕的路上，我相信应该有很多人会对你说，你应该剪短发，你不应该再化妆了，你应该吃两个人的饭，你不应该再吃火锅了……应该或不应该的事情，的确有很多，对错之间，本来就有不同的标准。可答案不是唯一的，答案其实就是你想成为怎样的女人，想给孩子做一个怎样的榜样。

我还是坚持认为，一个女人舒服了，世界才自在。

后来，我看到一个作者摇铃铛发过一篇文章，记录的是她怀孕期间的美妆，穿的美衣，很是好看。一个孕期中的女人就应该这样，每天穿得美美的，打扮得体，就是最好的孕期保养。不一定非要吃成祖辈人口中希望你成为的大胖子，也不一定非要学某些女明星，整个孕期只胖了七斤。

你应该成为你自己的模样。不必在意他人的目光，甚至不要去计较太多陈规旧俗。支撑我们成为更好的自己，更好的妈妈，是孩子，是爱，也是希望。

童年的味道，是被爱的回忆

我并不是一个吃货，很少有美食能吸引我，让我念念不忘。每次看到有人在小吃店排很久的队，只为了买一块糕点或一杯奶茶，我就觉得太夸张了。

之前，我经常出差去很多地方讲课，每到一个地方，都会被邀请去品尝当地的美食，同去的同事赞不绝口。回到北京后，同事多次提及想念某个地方的美食，我好像也没有太多的留恋。

当然，我也有无法割舍的美食，基本都是妈妈手工做的简单食物。

春天到了，我会给她打电话："妈妈，你能给我寄点儿榆钱窝窝吗？洋槐花开了吧，帮我蒸一些寄来吧！"

"当然可以，你还想要吃点儿什么呢？"

下午的时候，我会继续给她打电话："对了，还有你包的野菜包子，还有猪肉粉条包子。"晚上的时候突然想起妈妈做的辣子鸡也是一绝。

“妈妈，你睡了吗？不然你再给我寄一些鸡肉吧！”

“当你妈妈可真难，不过，你喜欢吃的东西，我都会寄给你。等着吧！”

然后，我心满意足地睡去。第二天，我开始追踪快递，心里想象着那些美食之前的味道，特别盼望能早点儿吃到，这感觉就好像小时候盼望得到棒棒糖那般急切。

一般情况下，我会在快递发出的第二天拿到妈妈寄的食物。下班后，我会赶紧回到家里，把每一样食物都品尝一遍，然后再给妈妈打电话分享吃这些食物的感受。

我很享受这个过程，看着冰箱里塞满了妈妈寄来的食物，会觉得很感动。这就是爱，从小到大，一直陪伴着我的爱。

经常看到一些商品，在包装说明上写道“童年的味道”，我却觉得属于每个人的童年味道各有不同，即使同样的成长经历，我和哥哥对食物有不同的记忆。

记得小时候，哥哥喜欢画画。有时父母出去办事，晚上回来得晚。我对哥哥说：“我饿了。”

他会说：“来，你想吃什么呢，妹妹，我画给你。”

“哥哥，有一种食物叫巧克力，你会画吗？”

“我当然会。”

“你知道它的味道是什么样的吗？”

“像红薯一样甜糯，还有花生的酥软，吃一口，很软很软，它就是这个世界上最香甜的苹果的味道。好了，我给你画出来了，你快点看看。”

“哥哥，我看这个巧克力怎么像苹果呢？”

“对，这就是苹果味的巧克力。好吃吗，妹妹？”

我实在太饿了，哭了起来。哥哥说：“你别哭啊，你看我正在吃这个巧克力，特别好吃，原来烤一下，它会变得很软。你是属于我妹妹的了。”

我惊奇地看着他拿着剪下来的好像苹果般的“巧克力”，好像真的有股从未有过的水果的清甜味道扑鼻而来。那时候的我们是那么幸福，对很多事物都有一种莫名的好奇的感觉。

“妹妹，你还想吃什么，我给你画。”这句话后来被妈妈知道了，她一直笑到现在。

再后来，爸爸出差，真的带来了一盒巧克力，黑色的、白色的，整整齐齐，有两排。爸爸打开包装，给了我一大块，给了哥哥一小块。哥哥把自己的巧克力分开，递给爸爸妈妈：“你们也尝尝。”

“你吃吧，你吃吧。”

哥哥不舍得吃，闻着巧克力的味道，来来回回，反反复复。他说：“妹妹，这个巧克力，是不是和我跟你描述的味道差不多呢？”

“有点像。”

“我的也留给你。”哥哥把自己的巧克力悄悄地放在盒子里，又合上，放在了我的手上，“这都是属于你的。”

多年后，我每次吃巧克力都会想到这一幕。只是长大后，再美味的巧克力好像都没有哥哥画的巧克力那么亲切。慢慢地，我不再像小时候那般喜欢吃甜食了，巧克力、奶糖也戒掉了。

倒是我的哥哥工作之余，开了一家蛋糕店，因为生意很好，后来又开了蛋糕连锁店，很是景气。他总给我寄一些蛋糕和糖果，我说自己已经戒掉甜食了。

他说：“女孩子要吃点甜点，心情才好，运气才会更好一些。”

我问他，是不是童年总给我画各种甜点，给了他一些灵感。

他哈哈大笑。

人生的路是往前走的，过去的事情如同逝去的风景，无法追回。他们都说最美好的是已失去的，我却觉得最美好的不会凋零，会雕刻在我们的记忆中。

这些年，我的记忆力越来越差，我特意咨询过一个心理咨询师朋友，他却说：“很多时候，愿不愿意记住一些事情，其实是由你的心决定的。你无法忘记的经历，似乎才是真实的人生。”

那么，童年的味道于我而言，就是特别的记忆，是关于爱的回忆。

我也问过徐先生，小时候最喜欢吃的美食是什么呢？他每次都说记不得了。

可有一次，他讲起自己童年的故事，却感动了我。那时，他和妹妹在家，父母上山去采摘水蜜桃了。妹妹饿了，想吃桌子下面的西瓜。徐先生说："这个西瓜不能吃，它是打了农药的。"

可是妹妹一直哭，徐先生说："你等等，我去给你洗干净。"

正在他清洗的过程中，父母回来了，狠狠地教训了他一顿。他一边哭，一边承认自己错了，再也不敢那么做了。

他说，直到现在每次吃西瓜，都会想起这件事。童年的记忆真像一块宝藏，藏着我们每个人的经历。

我们长大成人，因为一些经历，可能会变成另一个人，也可能会离开一段生活。但我相信，只要回忆起童年的味道，每个人还是想起许多值得怀念的事物。而在这些被怀念的事物中，我们找到了自己本来的样子。

就像我每次收到妈妈寄来的食物，一边吃一边想：啊，原来，这个才是最初的我。就在那一刻，我和过去的一切有了共鸣。

等一等，偶尔迟到的幸福

徐先生给我讲过一个爱情故事，让我很感动。故事的开始，是他在加拿大学飞行的时候，有个一起学习的同学。我们暂且称呼他为迟先生吧。

迟先生很帅，飞行的时候，就有许多女孩喜欢。他却偏偏喜欢一个机长的女儿靓靓，很漂亮、高挑，也是一个飞行员。两个人在一起后，迟先生被分到了加拿大学开飞机，靓靓被分到了美国学开飞机。

在上海分别的时候，迟先生忧伤地对靓靓说："我做了一个梦，梦见你变成了一个风筝。我追着跑，你飞得很快，我跟不上。"

靓靓笑了，撒娇道："最近大家压力都太大了，那你要记得扯着我的线。这样，我才不会迷路。"

说完，靓靓一蹦一跳地朝前面跑去，对着他喊："快来追我啊！"

迟先生这下更忧郁了。直到快要分别的时候，他才意识到，在这场爱情中，自己注定会输。靓靓根本不在意分别，也不像迟先生一样关心未来。

在爱中，一个人表现得很轻松，另一个人很沉重，这就是一种失衡。

迟先生到了加拿大，表面学飞行，内心却在煎熬。每天都看着日历，想回到上海，想着和女朋友相聚的场面。

靓靓却警告他：“你好好学飞，别跟个女人一样磨磨叽叽。”语气中满是责备与不满。

这样的语气让迟先生很迷茫，他开始患得患失。

他终于从美国的学员那边打探到了最真实的消息，一个飞行员，和靓靓在一起学飞的壮男，正在努力地追求靓靓，迟先生下定决心要娶的女朋友。

迟先生不死心，开始在电话里问靓靓是否有此事。她却在电话那边跟他捉迷藏。

靓靓说：“你越是这样，越容易失去我。本来没有什么的。”

迟先生的心思却集中在了最后一句“本来没有什么的”究竟是什么啊？为此，他问了其他学飞的同学，包括他最好的朋友徐先生。徐先生说：“应该是有了点儿什么，但是不想让你知道，你就当不知道吧！”

果然是旁观者清。迟先生恍然大悟，从最初在一起的时候，只有自己在患得患失，到现在只有自己还在牵挂这段爱情。多么卑微的自己，多么伟大的爱情，在这天平中，他若微尘，靓靓就是星星。

迟先生不想就此结束，但纠缠又仿若隔着一条银河，他有心无力。他开始陆续得知一些消息，靓靓的确对那个壮男动心了，她有些纠结，不知如何跟迟先生开口。

迟先生却下定决心要和靓靓分手了。在一个夜晚，他给靓靓发了无数条微信，没有得到回答，他默默地发了最后一条信息：那，我们就此分开吧！

然后，时间变得很漫长，迟先生开始喜欢黑夜，里面可以隐藏眼泪、神伤，也可以让人分不清是梦境还是现实。

恰好下雨了，恰好眼泪没人看见，假装伤心也顺着雨水流走了。说好了不难过，迟先生在异国他乡看见室友煮了他最爱的西红柿鸡蛋面，还是忍不住大哭起来。

大家安慰他："你既然叫迟先生，就应该迟钝一些，不要凡事都那么主动，主动示爱，主动明白和退出。你这样的男人太懂事了，不好。"

靓靓中间也回过迟先生微信，只是很冷淡，没有说继续交往，也没有说做个朋友就好。

只剩下迟先生一直被折磨，死去活来。为了摆脱痛苦，他做过许多令自己痛苦的事情，比如想哭的时候，就会跑到雨里大声哭，比如来回翻看靓靓的朋友圈，期待她能突然给自己发一条微信，比如深夜买醉……年轻时，能做的发泄痛苦的自我折磨的傻事，他基本都做了。

漫长的学飞的时间结束了，迟先生毕业了，回到了上海。靓靓和现任男友也回来了。一来一回之间，三个人的关系发生了巨大的改变。迟先生也认识她现在的男朋友，仔细想来，之前还在一起喝过酒，泡过酒吧，据说，那是一个花心的男人，不可靠得很。想到这里，迟先生得到了某种安慰。

尽管大家都为迟先生不值，他却觉得这次恋爱很有意义。感谢靓靓让他明白伤心的感觉，也让他明白了自己喜欢怎样的女孩。虽然家人一直介绍他相亲，迟先生却从未去过。他还在隐隐期待着，靓靓突然觉得还是自己好，突然之间回到了自己身边。带着这种无望的期待，迟先生又等了两年。真的不容易，一个飞行员，身边都是漂亮的空姐，迟先生却对美丽的面孔免疫了。

他去泡酒吧，遇见了一个很特别的女孩，长得不漂亮，抽着烟，故事满满。女孩对他说，她现在想去看海。迟先生心想，这么矫情，像极了靓靓。本应该拒绝一个还不算熟悉的女孩的期待，鬼使神差，他却答应了她。他们相约，一个月后，如果还记得这个约定，就一起去三亚看海。一个月后正是新年，这个灯火阑珊的城市，谁会记得深夜里陌生人的期待。

迟先生却记住了，足足两年，没有女孩对他说过心事，讲过故事，甚至没有人温暖过他冰冷的世界。一个月后，他就坐在酒吧里等女孩出现。如同最俗套的故事，女孩恰好没有记住他，也没有如约出现。

迟先生笑笑，觉得自己又一次被女人耍了。幸运的是，他开始认识到一点，自己该去相亲了。回到家里，他热情地对母亲说，该安排相亲了，再不相亲，第二年的春天都要错过了。母亲大喜，迟钝的迟先生真的开窍了，立刻打电话告诉老姐妹们，赶紧找漂亮得体的上海女孩。

迟先生约见了一个又一个，终究还是没有满意的。直到一个下午，他看到一个黑黑瘦瘦的女孩，很熟悉的感觉，仔细想想，应该见过，再想想，对啊，就是酒吧里说想去看海的那个冷漠的女孩。

迟先生说："我想带你去看海。"

女孩悠悠地回答："没想到你还记得我，不如现在就出发去看海。"

两个人真的去了三亚，玩得很开心。望着一脸笑容的迟先生，女孩立刻表白，决定和他好好在一起，结婚，生孩子。迟先生立刻答应了，心里牢牢地记住了她的名字，小茉。

回上海的路上，迟先生开着车，接到了靓靓的电话。靓靓说：“你还记得我那次过生日，说想去三亚旅行吗？我现在有时间了，还有机会吗？”

迟先生一边开车，一边接电话，没有注意旁边的车，就这样稀里糊涂地闯了红灯，撞向了侧面来的车。他的大脑一片空白，这才明白恐惧的感觉原来是，你突然之间拥有了一切，却抓不住什么了。迟先生想这一定是梦，想强迫自己醒过来。可是醒不过来，这不是梦，是血淋淋的现实。迟先生想看看小茉怎样了，明明头顶都是阳光，特别明亮，他却发现自己睁不开眼。

但他真的下定决心了，等醒来就赶紧准备婚礼，和小茉结婚。那姑娘真可爱，第二次见面，对自己说：“如果两个人在没有任何约定的情况下能重逢两次，就是特别有缘。”

迟先生苏醒后的第一句话是：“活着真好。”

他所做的第一件事就是给小茉发微信，告诉她他还活着，求她记得在海边的承诺。

小茉回道：“朋友，我就住在你隔壁的病床，比你受伤轻一点儿。我一直没告诉你，你放心吧，即使你当不了飞行员，我还有爸爸在上海的几栋别墅。到时咱给他卖了。”

迟先生热泪盈眶，感慨万千，哪怕幸福会迟到，也终究会到来。这份感情太柔软，以至于他不敢睁开眼睛，也怕是梦。

迟先生是那届飞行员里第一个结婚的，所以热闹异常。大家围绕着他，他笑得那么开心，仿佛从未受过伤。

原来在真正爱自己的人身边，你得到的安慰，早已把你受的委屈和伤害紧紧包裹好，寄到了不知名的远方。而那些在爱中受伤、挣扎、狼狈不堪的人，都不要着急。我们都会被一个迟到的人安慰、疗愈，难过的时候，请和我一样，坐在黑暗里，再等一等。

我们会一直年轻下去吗

刚刚大学毕业的时候，我去面试，如果给我面试的人是中年女人，我就会格外紧张。我总觉得她们固执、挑剔，总用一双眼睛审视地打量着身边的一切，然后在内心给它们暗暗定价。

真是不幸，我第一份工作的老板恰好是女人，比我年长十岁。在她面前，我所有的心思似乎都可以被猜透，所以我不敢偷懒、不敢顶撞。直到辞职了，我才暗暗松了一口气。我虽然完成了一个很大的项目，内心却毫无骄傲感，可能所有年轻的锐气都败在了她的刻薄上。

我曾暗暗发誓，若有一日到了三十岁，定然不能像她那般聪明刻薄，更不能对他人万般挑剔，也不能像人群中麻木而世俗的中年女人，目光空洞，只在意所得所失，少了几许生气，多了几分沧桑。

现在，我也到了三十岁。谢天谢地，我没有长成自己讨厌的样子，虽然也没有活成自己想要的样子。

恰好三十岁这一年，我又来到了一个创业型的公司。公司里差不多都是刚刚毕业的大学生，或还在读大学的实习生。可贵之处，是你可以看到他们年轻的样子，感慨青春真好，另一面，他们觉得你已是一个初老的小姐姐。

之前在意林集团，我总是被各部门主编亲切地称呼为娜娜，突然来到了上海，变成了他们口中令人敬畏的老阿姨，我的心的确经受了一个转折。

更有甚者，一个小伙伴常说，三十岁对他来说，已经是半截入土的年纪，他每说一次，我就感慨，在衰老面前，上天可曾放过谁。

再加上我一个做美容师的朋友，常常给我推荐各种美容针，我本来已经打算要用美容针来修复我的容颜，却在一次出差中悄然改变了主意。因为那次我出差去她的城市，看到她整张脸因打针而浮肿得有些夸张，虽然她一再给我强调这只是刚刚打针后的模样，并拿出了修复好的图片给我欣赏最终的成功。可我对未知的东西始终恐惧，爱美的心终究败下阵来。

虽然我知道有人花了几十万来做一个蜜桃臀，还有一个整容狂人，活活整成了风扇姐。

有人成为更年轻、漂亮的自己，有人最终败给了整容，成为手术台上的失败者。

我最终不敢尝试，只能任由自己老去，老成镜子中中年女人的模样。

当然，这期间也有不同的声音。

一次，我帮一个街边的女孩追到了顺风而飞的气球，不过十岁模样的她开心地说谢谢姐姐。我十分开心，因为她没有叫我阿姨。

还有一次，我去演讲，在临沂大学分享自己写作的经历。谈到年龄，我没有避讳，坦诚自己比他们大了十岁，他们居然没有像年轻时候的我一样，嫌弃现在的我，也没有像现在我身边的同事那样觉得我已衰老。当我走进下一所大学时，也是一样。

我开始明白，并意识到困住我们的并不是日益增长的年龄，也不是日渐衰老的容颜，而是我们对自己的否定、不自信。围城之所以在，多半是因为内心对年龄、对未知的恐惧。站在舞台上闪闪发光的那一刻，我们必然是年轻的、夺目的、令人羡慕的，当你保持好心态，内心有温度时，你注定是被人所爱，以及被人追捧的。否则，即使你只有十八岁，生活也注定黯淡无光。

之后看《我是演员》，每次节目最令人动容的都是三十岁以上的女演员的恳求和眼泪。

每当听到她们说：“多给我们一些机会、角色，我们不想演完少女，立刻就是外婆或奶奶的角色。”我都会莫名压抑，心想，这么美丽的女演员都这么恐老，像我这样普通的女孩的未来，更是一片深海。

直到看了一期《吐槽大会》，我看到一身粉嫩的陈乔恩被吐槽已经到了三十九岁这个可怕的年龄，无法再演偶像剧的女主角时，真的感到无力又悲哀。

一边是侯佩岑半开玩笑地说："我今年40岁了，作为一个到了40岁的女人，我有一些心得要跟乔恩分享——你的人生要走下坡路了。"

一边是我最爱的宋慧乔，穿着一身红衣出演电视剧《男朋友》，满脸青春无敌、美好至极的模样，令人羡慕。

我们在议论、在意年龄的时候，可有谁想过所有人都会老去。即使打了美容针，也敌不过韶韶年华。即使打满胶原蛋白，也回不到最初的年轻。

如同王朔说过："我已老了，让我欣慰的是，你也不会年轻很久了。"

是的，我们都会老去。可最重要的不是老去，而是要以一种怎样的姿态衰老，才可以让自己活得有价值。

看过一部纪录片《简·方达》，讲述了简的一生。她曾经嫁给三个男人，因为爱得太深，一生几乎被摧毁。她终于放开一切，不在意他人评价，不在意男人的伤害，只想自己活得精彩。今日，她已80岁，成为全球最有名的女人之一。

她就在这纪录片里，给人们讲述这一生的觉醒，以及重建的过程。

在她的故事里，最令我动容的是，简说：“二十岁的时候，你可以对一切感到厌倦，七十岁时重启自己热爱的事业。”

简还说：“年龄不是按时间顺序来排的，是根据你的精神和态度。时间会过滤掉那些不重要的人，你会意识到任何人对你的评价、定义都如过眼云烟，毫不重要。”

不要提心吊胆，害怕自己老去，而是积极地去拥抱生活，去做让你快乐的事情，去成为温暖、善良的自己。

若不是其他人提醒，我真的觉得自己比五年前的我更好，心态也更年轻。

真希望在不断追逐自我想要的生活的路上，我们可以忘记自己的年龄，只剩下一颗年轻的心。

生活不曾取悦我，所以我创造了自己的生活

我最近读香奈儿的传记，深深被这个女人吸引了。我二十多岁的时候读香奈儿，还没有这么深的感受，只是觉得她虽然活出了自我，但一生未婚，和很多人相爱过，且灵魂狂野，谁也无法掌控她。

随着年龄的增长，再读香奈儿，我却很欣赏她。毕竟在那之前，女人们都穿着厚重的长裙，且不能穿黑色的衣服。是她解放了女性的衣着，将“五花大绑”的女装推向简单舒适的设计，是她给女人们做漂亮的礼帽，她重新定义了时尚，创造了香奈儿五号香水，直到现在，依然是时尚界无法逾越的高山。

香奈儿出生贫苦，母亲在她十一岁时离世，她就在等父亲来救济院接自己，最终没有等到。从此以后，香奈儿明白了，只能靠自己来解救自己。纵使香奈儿后来经历颇多，可真正改变她命运的是什么？

我认为还是阅读，以及她自身的求知欲。比如有几个关键点是她

命运的转折点，都是她在读书中获得的。

她在做裁缝的时候，认识了人生中第一个好朋友，阿德里安娜，这个女孩不仅美丽，而且善良、爱读书。阿德里安娜把自己读到的好的故事，都收藏了起来，订成了册子，送给香奈儿阅读。香奈儿读完，很是期待真正属于自己的爱情，也开始懂得如何分辨什么样的男人是适合自己的。

后来，她遇见了艾提安，这个男人让她衣食无忧，并过上了高级交际花的生活。这样的生活花天酒地，一开始她很陶醉，后来看了一场话剧后，她清醒了。

这个话剧表演的什么呢？原来是小仲马的代表作《茶花女》，香奈儿突然觉得茶花女玛格丽特就是她自己，若只是做高级交际花，这样依靠男人，早晚会为此丢掉一切。

她开始读书，读很多书。她穿上艾提安的衣服去骑马，开始像个男人一样去思考、去成长、去过自己想要的生活。

香奈儿成为非常有名气的设计师，不仅设计礼帽，还设计衣服，当她最爱的男人卡柏去世后，她怀念自己在蔚蓝的海边等他的感觉，并把这种感觉做成了香奈儿五号香水。

无论香奈儿有怎样的人生际遇，她一直在坚持阅读，坚持学习。她很少有迷茫的时刻，因为她凡事都会尽全力去做。我想，这才是她垂暮之年，依然能东山再起的重要原因。

比如，她最强大的对手夏帕瑞丽在媒体上说，香奈儿已经过时了。香奈儿依然每天看书、做设计，从未停止过手里的工作。媒体来问香奈儿，对夏帕瑞丽有什么看法，香奈儿说，那个女人是做衣服的艺术家。所以，我认为这才是香奈儿最独特的地方，她从不诋毁任何人，也深深地明白，与其在意别人的背弃和不善，不如让自己更有尊严，更美好。

尽管她爱过很多人，也被很多人爱过，但最终，她还是一生未婚，坚持阅读、工作，把所有的时间都献给了事业。直到晚年，她接受了一个作家的采访，开始让他为自己写传记，她说了两句话，深触我心。她说："我这一生不过是一段被无限延展的童年。"她还说过："生活并不曾取悦我，所以，我创造了自己的生活。"

如果在那个最关键的时刻，她没有读到好朋友阿德里安娜所收集的故事集，没有看到话剧《茶花女》，没有后面坚持阅读、坚持工作的经历，我想，香奈儿可能不会成为传奇，更不可能在几个关键的时刻，活得通透，看得明白，走得踏实。

她是时尚界最浓郁的色彩，也是活得特别精彩的女人。这一生，她活出了自我，也活出了自由，但提到对自己影响最深远的事情，香奈儿依然坚定地说，是阅读，是工作。我却认为，是她身上那种求知欲，以及不顾一切向前走的勇气。

如果没有坚定的信念，没有想靠自己双手改变命运的决心，我想，任何女人，或者是任何人，都无法找到自己前进的方向。

一生的努力，都是储蓄

我离开北京已有一年。前段时间，我推荐了一个学妹前往我之前的公司去面试，她和一个意林的主编一见如故，亲切交流了一番，主编当即决定录用她。

学妹自然很开心，特意给我发微信："你是个活招牌，为拥有你这个学姐而骄傲。主编夸你做事细致、认真。"

那一刻，我的内心也很自豪。人的努力，在当下是看不到结果的，反而要走很长的一段路，再转身，回眸，才能看清过去的自己所做的一切值得不值得。

我在北京和上海这两座繁华又现实的城市，工作了十年之久。我一直怀念刚刚毕业时那个青涩、害羞甚至自卑的自己，最初的时候，我并无人脉，也无朋友，爱情不稳定，梦想很遥远，总有四处飘摇的不定感。

我孤独、失意的时候，总是给父母打电话。爸爸总是说，踏实走好脚下的每一步，对未来影响深远。

“你可要努力，要争气，这也是储蓄。你的节约，也是储蓄。你善待别人，也是储蓄。你都存下来，这也是一种财富的积累。”

爸爸这句话，被我牢牢记在了心里。

现在的我终于得到了许多认可，有了一些成绩，好像拥有了自信，内心也很平静，但从不敢骄傲。有时也会杞人忧天，多年后，那种隐约的不安全感依然还在，怕醒来时会失去一切，所以，脚下的路，自己走得一直很努力，不敢停下来。

那时的自己并没有像学妹这般幸运，还可以有人推荐，真的只是拿着简历四处撒网。我面试过很多公司，走过很多弯路，但一直有一个信念，就是一定要去做自己喜欢的事。第一份正式的工作，是因为老板喜欢我画的画。但他招聘我，并不是让我来画画的，而是来设计各种草图、装吊灯、摆设和摆件。

无奈的是，当时的自己笨拙得很，可能是经验不足，即使很专心，也会经常做错事，而我又是一个固执且容易自责的人，所以，晚上经常失眠。爬起来写作、画画、看各种书，看着黑夜，想象每一个失眠的人都是一颗星星。一个又一个夜晚，人生是重复的，努力是可以叠加的。

毕业十年，直到今日，我经常晚上醒来，有时是三点，有时是五点，醒来，我就写作，坐在电脑前打字的感觉特别真实、安全、温暖。

真的不知是从何时开始，突然之间自己开了窍般，不仅能顺利完成工作，而且经常做得很出色。后来换到了意林杂志社上班，不小心从编辑成了演讲师，前往全国各地几百所学校演讲。命运是在哪一刻改变的，我无从知晓，唯一可以确定的是，走过的路很踏实，认识的人都认可自己。

我更坚信，每个女孩，每个人都走过我走过的路，吃过我吃过的苦。

对啊，那时身边空无一人，漫天灰暗，仿佛无论自己走多远，都无法触摸那旖旎的光芒，星光的璀璨，仿佛一切都是别人的，自己是幸福的绝缘体。我也曾无限困惑，自己并非贪心的人，生活怎么就不肯嘉奖于我。

现在再来看那些困惑、迷茫的时刻，可能真的是自己做得不够好。真正的行者明白行者无疆，人生无尽，很少问得到，甚至很少去问为什么，他们习惯追求内心的所得。年轻时，我们期待的成功、荣誉、可以炫耀的骄傲，其实是吃过许多苦头后留在身体上的烙印和勋章。多年后，你回忆时抚摸这勋章，多半会心疼过去的自己，也会感谢自己的努力和付出，一直在默默地为自己的人生开拓疆土。

工作之外，生活的积蓄更是显而易见。

直到今日，我还记得读大学之前，自己吃饭有个很不好的习惯，只吃一半。考上大学，去成都读书，出发前，妈妈特意交代：“能吃多少买多少，到了外面，没有人会吃你的剩饭，太浪费了，千万记得啊！”

我只顾着挥手与她告别，哪能记得那么多。到了大学，新鲜的事物、时髦的同学、精致的衣物，吸引着我。我不停地从口袋里拿出钱，购买各种需要或不需要的东西，很快就没钱了。我给爸爸打电话，被另一个亲戚接到。

亲戚说：“你爸爸特别节约，什么钱也不花，把所有的钱都留给你。”

挂了电话后，我一直在想他说的话，父母之前太宠爱我了，很少约束我，我的愿望基本都会被满足。我却从未反观过他们的生活，父母为我付出了所有，我却从未留意过他们的状态。

不知道从什么时候开始，特别新鲜、漂亮、适合我的东西，即使放在我的眼前，我也不会有占有欲。反而认为，一些美好的事物，远远欣赏也很好，不必拥有。拥有特别多的东西，也会很累。这样的理念植入我心太深，影响了我的生活方式。

后来我读过一本书，说做人要有不取的智慧。拥有很快乐，但我并没有那么迫切地需要它，而它可能会给那些真正需要它的人，带来更多的价值。

我开始学会了储蓄。不仅仅是储蓄金钱，更是学会节约精力、储蓄健康，结交朋友，努力工作。我深深明白，一个月光族和一个每月都试着存几百块钱的人，十年后，哪怕是五年，只看存款，就能一决高低。一个周末宅在家里什么都不做的人，和一个周末要跑去学英语、进修的人，在多年后，也会深刻地感受到什么是今非昔比。

只是当下经历的那一刻，并无感觉。好多事情都是要回头看，才会体会更深刻，认知更灼心。

努力，并不仅仅是学业的精进，更是财富的积累，别人对他的信任感，以及累计的社会荣誉。可很多人几乎没有储蓄的习惯，只享受当下的快乐。我们在年轻的时候尽情挥洒，可到了关键时刻，遭受挫败，才会明白积蓄的重要性。

每一次努力都是一笔储蓄。这笔储蓄可以是财富、名声、荣誉，也可以是健康、信任。走好每一步，这积蓄才能为你和生命中最重要的人所提取、所拥有、所使用。

人之所以容易失意、失败、困惑，多半是没有好好学积累、储蓄这门人生必修课吧！

第四章

所谓世间，不就是你吗

从错过到相识，从相识到相爱，经历过的所有磕磕绊绊，都是为了日后和你一起欣赏这世间全部的美好。我不能把全世界给你，但我能把我的世界给你。所谓世间，不就是你吗？

珍惜当下可贵的时光，完美亦完整

前一段时间，我应邀去张江集团的书店，去参加一个日本女作家的分享会，这也是我特别喜欢的一个女作家——江国香织。

江国香织出身名门，父亲是散文家，她才情出众，喜欢写爱情小说，翻译儿童文学，写童话故事。日本的文学奖项，几乎被她拿了个遍。

她长相秀丽，足可以媲美明星。可贵的是，她并不自持美丽，反而活得自然真实。她喜欢吃葡萄干黄油，喜欢泡红茶，被她的妹妹称为泡红茶女，不论何时，只要她的妹妹想喝红茶，她就会起身为妹妹泡红茶。她最大的爱好就是躺在浴缸里泡澡、看书、写作。

她嫁给了一个普通的银行职员，过着平淡而幸福的生活，虽然经常和先生吵架，每次她都能把先生气跑，但他还是会毫无怨言地跑回家。她肆无忌惮地写下婚姻里真实残酷的东西，但她依然深情地写下，一个人之所以会感慨一样东西残酷，说明它给了自己无限的自由、美好。

媒体、亲人、朋友，都赞美她是一个完美的女人。作为她忠实的读者，我更觉得江国香织美得不可方物。

她却提出她想要完整的生活，因为各种原因，她并没有孩子。当然，许是因为没有生过孩子，她才一直保持了孩子的心性和想象力，写下了许多儿童文学故事，翻译了众多儿童文学书籍。

她分享到这里，一个女孩提出观点，说：“完整的人生是完美的，同理，完美的人生必然是完整的。”

而我却有不同的想法。完整是你已拥有自己想拥有的东西，但可能意识不到它的可贵。完美却显得有点孤独，因为它使你区别于人群，它只属于你自己。

还有，完美的格调总要比完整稍微高一点儿的，遗憾的是，完美好像永远只属于一个层面，就像得到就意味着失去，总有力量会来制衡它。

我望向街头的人群，回想起每一个曾向我倾诉悲伤的女同学或女性朋友。她们似乎都已拥有这位女作家所描述的她一直向往的生活——有一份工作、一个爱人、一个家庭。家里有孩子绕膝，冰箱里装满了食物，地面上不再一尘不染，虽然鞋子让空间凌乱，却也能说明十分有人气。

但她们并不快乐。毕竟当一个人拥有一种生活状态时，对于所拥有的，多半都是不知其珍贵的。

在生活的洪流面前，似乎努力一把，我们每个人都可以拥有完整的生活。但我们多少会恐惧这样的生活，毕竟，要拥有生活的任何一面，都要付出代价。每每在某一方面拥有多一些，就会在另一面有所丢失。

可能对一个完美的女作家来说，若能拥有完整的执念，已战胜所有。我们拥有的这般寻常的可贵，恰是一个完美的女作家，期待生活给予的完整。

但对已拥有完整生活的女人来说，她们正在为真实的人生买单，未免慌乱，甚至窘迫，又面临许多压力，比如是生二胎，还是继续进修MBA（工商管理硕士），是辞职创业，还是回家做全职太太。

人在面临选择的时候，容易心浮气躁，而做选择是生活中最重要的事情。

而我觉得，紧紧握住当下你觉得最珍贵的东西，就已足够。

就像我看到龙应台写的一本书，《天长地久——给美君的信》。

美君是龙应台的母亲，年迈时失智。龙应台面临一个选择，是继续去做一个完美的女作家，还是选择卸任台湾文化部门负责人一职，陪伴母亲。

她的选择很明确。照顾已经失智的母亲时，她为美君写了许多许多信，她说母亲是自己最好的女朋友，只是之前她并没有认清这个现实。

龙应台此时的努力，是让自己多拥有一些和美君在一起的回忆。因此，若此时再不陪伴美君，往下要面对的就是美君的离世。她很害怕，怕以后的回忆里，只有自己年幼时和母亲相处的片段，而无成熟后和母亲相处的温馨。

若想拥有一段完整而温馨的记忆，可能要放下完美而独立的生活。

你可以完整地演奏一首钢琴曲，也可以完整地写下一本小说，但钢琴曲和小说都未必完美。完美和完整有区别。珍惜眼前人和当下的生活，完整亦是完美。

我们在机场等不到船

上周末，我一个好朋友去相亲，本是满怀希望，结果却很失望。他抱怨说：“女孩子的照片和真人判若两人。”

我说：“那没关系，只要聊得来，也是很愉快的约会啊！”

朋友沮丧地说：“她一直打听的是我有没有车和房，收入是多少。所以，也没什么可聊的。我不怕女孩现实，我怕女孩一开始就现实。虽然很多文章都说，现实的女孩才更容易获得幸福，因为从最初，她就把这场交往的利弊分析得很透彻了。我真的很羡慕你，好像很容易就得到了幸福的爱情啊。”

其实，并不是这样的。我一个人走过很久的路，那时特别纠结、迷茫。可能因为我是一个没有主见的人，一旦陷入爱情中，就容易迷失自我。

有很长一段时间，我以为自己再也遇不见良人。我拿着电脑，就坐在劲松地铁站上岛咖啡厅靠近玻璃的那个桌子前面，看书、写作。

偶尔与朋友聚会，他们都比我还着急：“你都三十岁了啊，赶紧找人结婚啊！”

说实话，我也很着急。我问：“你们身边有没有合适的人介绍给我呢？”

有人摇头，有人想了想：“有是有，但你们不合适。”便没有了下文。

还有人说要回去帮我问问，结果也没下文了。

还有一个闺密建议我换到郑州，前往她的城市工作，她振振有词地说：“你来我们这里，我保证给你找个好男人。”

可每次我让她提前跟我说给我介绍的好男人到底是谁时，又没有确切的人选。

有一段时间，我很怕发朋友圈。只要我消息一出，朋友们一边给我点赞，一边评论：“这么好的姑娘，不赶紧去恋爱，还在这里讲课、旅行、写书，你是不是写着魔了，学傻了？”

还有一次，我去亲戚家，坐在她家阁楼上，听到他们偷偷议论：“女孩子不要太优秀，否则真的不好嫁人。男人找太太是要她来照顾家庭的，她肯定照顾不好，真嫁不出去了。”

有时，我听见这些议论会觉得好笑，有时会气愤或心酸，有时会认为其他人的评论真的不重要，但也会影响心情，让我觉得自己很失败。

所以，有段时间，我的朋友圈都是空白的，不敢更新什么，唯恐他们逼我更紧。

后来，赵凯哥哥把他的好朋友，一个清华的男孩介绍给我做男朋友。男孩很喜欢我，我却无法喜欢他，是发自内心的不喜欢。

家人一起上阵，开导我。大概都觉得他毕业于名校，有车有房，工作又很好，找不到我不同意的理由。我每天都很纠结，觉得如果错过了这个男孩，可能会如同亲人所说，再也无法遇见这样的人。如果同意了，我又觉得心有不甘。这种不甘愿的感觉，就像是要吃掉自己并不喜欢的一种水果，这种水果看着也很惹人爱，你却没有喜欢到毫不犹豫地吃下的程度。

我妈妈说："如果你真的不喜欢，就不要勉强。我真的很希望你早点儿嫁人，但我更期待你能愉快地嫁给喜欢的人。"

这句话，一直到现在想来，我还是会感动。我的妈妈是一个急脾气，她能说出这样的话，是真的希望我能幸福。

我最终还是无法接受那个男孩，他也很快结婚成家了。每次，我的亲人们说起他，都是一脸遗憾。我知道，他们真的无法理解一个大龄剩女对爱情的追求。或者是，他们觉得真实的生活里，没有爱情也可以过得很好。

而我，可能真的如他们所说，太贪心了。

记得那时候的自己特别喜欢出差，感觉很自由，当时的工作也希望我能经常出差，于是，我便经常在路上。

出差的路上，我遇见很多人，听闻了许多故事，他们各有快乐，也各有苦衷。我开导了很多人，陌生人，一起做了一场活动的人，可能很多人再也不会遇见了，但在我开导他们的那一刻，我的内心是幸福的，他们可能觉得我是作家，也对我敬佩有加。

我逐渐明白，如果你急切地等待一个可以相爱的人，多半都会失望。因为此时，你认不清自己的内心，多半是恐慌，或者是他人的标准让你觉得眼前是个可以救助你的人，使得你不再孤单。可我们终有一天会清醒，才意识到孤独比孤单可怕。匆匆上船并不难，难的是你每天都想靠岸，岸却离你很远。

当我看到身边的大学同学或一些朋友，身处婚姻之中却并不幸福，如在牢笼，痛苦、不安，又找不到合适的出口，我便心有余悸。

各种矛盾交织在我心中，唯一能让我安静的就是看书、写作、旅行、进修。当我安静下来的时候，整个世界也静悄悄的。虽然还是很多人围绕在我的身边说话，但我已经学会了选择性地来听。

慢慢地，我明白了，一个人的时候，当你的心安静下来，找到方向，不仅仅是最好的增值期，还是认识自己最好的时候。年龄可以决定很多事情，但是也可以让自己沉淀下来。

身边经常有人感慨，怎么一直找不到合适的另一半，也有人说已经决定要一个人走完一生了。我却觉得人在焦虑中等来的一定不如人意，不如放平心态，每天定一个小的目标，要求今天比昨天好一点儿。

如果在相亲的路上一直奔波，还是没有遇见合适的人，也不必着急，带着去见新鲜的人、去听新鲜故事的心态，去相遇，去了解。时间很宝贵，把时间留给新鲜的事物。

就像我一直很敬佩的潘老师，历经坎坷，中间离过两次婚，得过很严重的病。如今，她已经70多岁，但依然腰板挺直，在上海参加了老年模特队、合唱团。前段时间，听说她恋爱了，对方是在清华教书的老教授。

两个人虽然是异地恋，但他们经常给彼此写信，还相约去了很多地方旅行，每一张照片，潘老师都为它配写了短诗，又浪漫，又甜蜜。

我再看潘老师，觉得她宛如小女孩一般，根本看不出年龄对她的影响。当一个人，尤其是女人，真的放下一切去爱，又遇见对的人时，姿态是最好看的。

所以，任何时间，任何时候，只要还有肯去爱、去付出的心，都不晚。

所以，不要着急，不要急于否定自己。一个人的时光的确漫长，但生活既然已经安排我们要自己独处很久，说明要遇见的那个人，也是时光仔仔细细打磨好的礼物。

我只想过无比“正确”的生活

朋友在日本留学一年，学费没了，过得有些辛苦，只能靠代购来赚取一些钱，但这些钱在高昂的学费面前，不值一提。

她路过上海，停下来，给我讲东京的美景、美食，看得出来她很向往那样的生活。

她问我，是应该继续前往东京寻梦，还是留在国内，嫁给很爱她的、一直在国内等待她的一个男人，去过一眼望到边际的生活。

对未知的事情，我无法给予回答。但如果让我选择，我可能会留在国内，嫁给这个很爱我的男人。

因为遇见一个真正爱你，并愿意试着去懂你的人，实属难得。毕竟这个世界上，除了梦想，更重要的是爱人和家人。

所以，这个问题的答案也很简单，那就是你能不能承受自己任性的结果，以心安的状态继续走你的路。

朋友摇头说：“你没有去过那个城市，没有去感受过那种状态，可能已经无法理解我内心的纠结。”

她喃喃自语：“东京可是这个世界上最完美的城市，那里有着最漂亮的街道，优雅而漂亮的女人，沉默而儒雅的男人，街边种着整齐的樱花树，散落着花瓣。”然后转过头对我说，“东京就是电影里最美好的那个城市，我要跑得很快，快马加鞭地去实现我想要的生活，可我依然觉得能力不足……”

曾看过一篇很火的文章，主题类似于“我从不屑于过无比正确的生活”。大致的意思是，一个年轻人随心所欲地去生活，注定要付出代价。我们倾其所有，也要为梦想的生活而战，不计后果，不计代价。

可是，这样的年轻人在过不正确的生活时，注定会一个人走很辛苦的路，也不能够实现自己想要的生活。生活最奇妙的是，它永远公平，永远是条条大道通罗马，也注定会有许多的选择。

所以，我觉得正确可能是个伪命题，世间并无正确的路，只有你最想走的那一条路。但走在那条路上的时候，一定要多问问自己这是不是自己能承受的，以及自己在去做这件事的时候，会不会让最爱自己的人为自己担忧，并因此影响对方的生活。

我所热爱的生活，想去经历的人生，绝不是自己一路跌宕，万般纠结，身边的人为此牵肠挂肚，不忍熄灭我的梦想，也不敢对我提出他们的期待。

我所热爱的生活，一定是真实而平静的，甚至是琐碎而矛盾的，但它一定会让我内心平静，也会给身边的人安全感。

安全感比快乐重要，它很真实，也会让人很踏实。

最近在写是枝裕和《步履不停》的书评，看到同名电影里的一句话，“人生路上步履不停，为何总是慢一拍”，突然很受触动。在这路上，你我蹒跚而行，走得或快或慢都不重要，可贵的是，你一个人前行时，受尽煎熬时的你才是最真实的。

无论是书中的故事，还是电影的镜头，是枝裕和都在用如流水般的日常细节，描写生活百态。没有跌宕起伏，没有催人泪下，甚至不会煽情，它就是我们真实的生活。

每个人的不堪，每一个向往，每一段不被世人接受的情谊，都暴露在我们面前，纵使他们暴露了人性的丑态，纵使每个人都会有自私的想法，你依然觉得每个人都是可以被原谅、被接纳的，因为它就是我们最真实的生活。

在那最真实的生活里，我们总是比世界的节奏慢一拍，总是追不上别人的步伐，总是无法如愿。

可这样的生活让人踏实，让人走路的时候，心中依然有底气。因为他们懂得爱，懂得付出，懂得隐忍，懂得去感受真实的生活，并接受慢一拍的自己和家人。

可能这世上并无所谓正确的生活，但我依然认为，真正的励志不是疯狂地去实现，去超越，去满足超出自己能力的欲望。

我认为脚踏实地地生活，做好生活中的每一件小事，至关重要。

假如真的慢了一拍，假如煎熬不安，也不要慌张，但也不要沉溺在自己的世界里疯狂。

而我所理解的最好的生活，可能就是安于平静，努力地把最真实的生活过好。

走在实现梦想的路上，不要急于定义，也不要把筹码都加在他人的牺牲上。

别忘记，他也曾是执剑少年

10月6日，国庆长假，我子夜一点翻看朋友圈，看到“王用五的”发了一条朋友圈：“一直不世俗，所以一直选择艰辛的路。躲在凳子后面的男孩无助、孤独，没有人助，更没有天助，相信自己的每一步路，努力奋斗。”

失眠时突然看到这么矫情的一句话，真是伤感又真实。尘世间，谁不是一个人偷偷躲起来，悄悄地独自面对，既勇敢又伤感？

于是，我顺势翻看了他的资料，想看看他是谁。看到他的个人介绍时，顿时许多记忆涌上来。

原来，我们曾是朋友，真诚又亲密，无话不说的好朋友。原来他不叫“王用五的”，他叫“不器”。我们问他为何要叫这个名字，他说以此警告自己要成人、成器，不然誓不归家。

我们曾一起出差，我曾在书中写过他的故事。那时，他还是个纯粹少年，一个人了无牵挂，每个月的工资有三分之二会交给他的妈妈。他说：“我花钱会有罪恶感，平日基本没有消费。等有了女朋友，我就把工资全部交给她。”

我记得他那时特别沉默，爱写诗，一首又一首。他每次写完还要沾沾自喜，我们都称他为诗人。

记得那年春天，我们曾一起前往宁夏出差两个星期。我们要走遍宁夏所有的城市，路途遥远又颠簸。我们坐着邮局的车，路过白桦树、荒草地、一排排平房、一个个学校。每当黑夜时，星星格外明亮，仿佛距离我们特别近，可以伸手摘星。

开车的司机特别幽默，一路唱歌，我们坐在后面合唱。他说：“夏天的时候，我还要邀请你们来讲课，那时，我要带你们去看沙漠，无边际。”

恰好我过生日。我在水果店买了两块菠萝，送给了他一块，他一边吃一边说：“原来，菠萝的味道和苹果的不一样。今年我二十七岁，娜姐，我第一次吃这种水果。”

他说他也要送我一件礼物，那就是要给我讲一个故事。那个故事落寞又美好，藏满了一个忧伤、清贫、自卑的少年成长的秘密。

所有人都以为他的妈妈傻、呆滞，妈妈却是他生活中的智者以及全部。她陪伴着他，逼他学习、写诗，让他读文给她听。一次，一棵树砸向他，是她扑到他身上，树木结结实实砸在她身上，他哭得很伤心，她却安慰他不要哭，男人不要哭。

他很争气，以第一名的成绩考取了最好的初中。妈妈送他去读书，他收拾好行李出来，发现几个同学在逗耍他的妈妈。他立刻冲向那几个男生，与他们扭打成一片。男孩们一边笑，一边跑掉了，只有他一个人品味着少年的屈辱和孤独。他们都说他是傻子的孩子，那也是一个傻子。

这一次他没有哭，自此妈妈再也没有去送过他。他读了省里最好的大学，成绩最好，被保研，却没钱读。班里有女孩喜欢他，他也为她写了许多诗，却不敢接受她，也不敢拿给她看。少年啊，在自己最自卑的年纪总是那么现实，永远担心自己不能给予对方更好的生活，也从未奢求过让一个女孩舍弃一切爱自己。

我问他："后悔过吗？"

他说："后悔啊。我毕业后，看着她读研、毕业、结婚，为她开心，也曾幻想过和她在一起生活，但都是在梦里。娜姐，你在梦里爱过一个人吗？就是那种你不敢醒来，介于清醒和梦幻之间，明知道那是不真实的，却又那么贪恋。爱一个人就是很孤独。"

"不，你那是暗恋。"我曾坚定地打断他的话。

而后，我们都回到北京，像普通的漂泊的年轻人，在那个喧闹而又孤独、繁华而又荒凉的城市加班，不停地加班、出差，以至于我分不清昼夜。

那年冬天，我们几个演讲师去聚餐，他说自己要辞职前往济南，因为一个女孩。女孩是他朋友的表妹，很单纯、善良，从小体弱多病。两个人通过聊天熟悉和了解彼此，一个周末，女孩特意坐火车来北京看他。

“然后呢？就成了你的女朋友？”我问。

他说：“我不知道，但我要对她负责，她让我想起自己的妈妈。我要保护她，她想要的爱情、人生、梦想，我都要帮她一一实现。”

男人天生对弱者有一种同情心，尤其是从苦难、懦弱中走出来的男人更甚。因为他吃过那般苦，所以就不想看到别人孤独。

那时我问他：“可是你真的要裸辞去济南啊？你没有存款，女孩也没有稳定收入。”

可年轻的时候，我们都误以为爱大于一切，但凡有人在身旁有一丝反对，都会让自己内心生厌。他还是奋不顾身地去了济南，任何阻力都是他想要冲破世俗牢笼的动力。

他到了济南后总是不顺意，工作几次碰壁，女孩也没有想象中安静、乖巧，提出了买房买车的要求，他无法满足。最悲哀的莫过于，你抱着纯净的爱在这尘世间奋力挣扎，你所爱的人却扎了你一刀，告诉你她只想要家。

“家就是你和我，我们在一起啊。”他跟她解释。她冷漠地笑了：“那我们是住在星星下，四海为家吗？”

他在济南待了一年，曾和我们打过电话。最初，我们还有耐心听。可平凡的生活中，哪个年轻人不是匆匆赶路，不停地碰壁，被生活折磨。自己都修行尚浅，又怎敢给他人指点江山。

后来，我们再也无人接他的电话。于是，他同我们就像凡尘中相遇的人，又消散在人海。

再次听到他的消息，是一日他给我发微信，说自己和女朋友分手了，从济南回到了北京。不过他很幸运，因为他在做一项很伟大的事，和他一起工作的人，曾是某集团特别牛的副总。他们在创业，很辛苦，也很光荣。虽然他现在没有工资，但他有未来。他看到了生活的光，却又陷入无限迷茫。他不自信地问我，这次算不算他命运的转折。

我立刻从他的话中感觉到了不对劲，问他是不是进了传销组织，劝他三思。但那时，他言语间有焦虑、有戏谑、有不堪，也有矛盾。他已不是和我一起站在讲台上的演讲师，也不是那个只凭爱就能勇闯天涯的少年。

他变得很幽默，经常自黑，早已不再写诗，也劝我不要写文。他不停地更改微信名字，发各种无用的励志口号。

我新书上市，他特意给我算了一笔账，说：“你这么辛苦写作，不值得。”我问他：“什么才是值得的事情呢？”他不假思索地说：“用最短的时间发财。”

有时，我和其他的演讲师也会收到他的短信，他俨然已经学会调戏女人。而他不知道自己这么做的危险，是所有的朋友几乎都在一瞬间放弃了他。有的朋友删掉了他的联系方式，有的朋友索性不再理他。

堕落了一段时间后，他好像又变了，变成了一个崭新的社会人，冷漠、低调，停更了朋友圈。

直到今日，我看到他的这条朋友圈，才突然意识到他已经在我的生活中消失了许久。上次，有之前的朋友来上海，我问她是否还记得他。

朋友回答：“记得，记得啊，只是真的已经很模糊了。他已经不再是我的朋友。”

我突然想起那个著名的社会学定律，150定律，邓巴数字。人类的智力只允许我们拥有稳定的社交圈子的人数是148人，四舍五入是150人。认知层次、身份阶层、圈子、三观，决定了我们会得到怎样的朋友。

余华在《在细雨中呼喊》中写道：“我不再装模作样地拥有很多朋友，而是回到孤单之中，以真正的我开始独自生活。”

一段友谊若走到终点，并不一定是谁有过错。只是岁月变迁，你我拥有不同的成长吧。

若成长真的逼迫我们变成另一个人，一个自己都不了解的人，岂不是太灰心丧志？

而我只想知道，若再给少年一次机会，他还会那么执着地前往济南去寻找那个女孩吗？若再让他重回大学时光，他会接受自己所爱的女孩吗？

生活没有假如，只有现在。过去的人生不可追，别人的生活也无法模仿。

我们收拾好行李，谁也不必羡慕，在生活面前，谁也无须假装强者，请把脆弱留在心里，一步一步往前走。不必着急、慌张，更无须焦虑。我只希望我们做出的选择、要走的路，更多是正确的。若真的都要不可避免地走向衰老、世俗，那少年，我们的脚步可不可以慢一点儿？

让这青春的岁月和单纯的美好，能再久一点儿。

如何成为一个有趣的人

我们公司每个月都有线下固定的读书会，去年的时候，我们想邀请一个特别有名气的老师来我们这里的讲坛讲美术史。据说，这位老师常驻在欧洲美术馆，很少回国。

同事们有的说，他肯定没办法来我们这里了，有的说，他没有时间能来，还有的说，其他地方邀请他的人也应该很多，肯定无法把他邀请过来。

几个同事一起点头，这次开会的议题基本就这样结束了。大家商量了一番，都认为这位老师肯定无法来。

唯有总监摇头："这才三月，你们就把六月的结果下了定论。这件事我去试试吧。"

总监随后就找这位老师的微博，顺利地加了老师助理的微信，经过攀谈，或许是总监的诚意打动了老师。他说五月自己会回国，恰好有一本新书要上市，也恰好六月会在上海这边做活动，一切都是恰好。所以，总监顺利地邀请到了老师来讲课。

六月很快就到了，老师讲得很精彩，活动也很顺利。来参加活动的人都说总监资源好、人脉广，也足够幸运。总监也开心地说：“都是我运气好，恰好老师新书要宣传。”

好运气不是碰到的，一定是有前因后果的。而一个经常好运的人，一定是在我们不知道的地方付出了谁也看不到的努力。

再回忆三月，我们坐在一起商量邀请这位老师的场景，才明白，很多时候，都是人给自己设限了，靠着固有的思维模式来得出一件事情的结果。仔细想想，如果一直用这样的思维来判断所有的生活时，其实是很可怕的。因为它会阻止我们向着更好的方向前进。

那么，普通人和那个看上去好运的人，差距究竟是什么呢？其实是思维。

看了一篇文，提到了《终身成长》这本书，作者提出了两个概念，一个是固定型思维，一个是成长型思维。

固定型思维的人一直在否定自己，承认一些结果自己没有办法达到，容易固步不前。而成长型思维，是坦然承认自己还在成长的过程中，一切都是开放的，不设限的，即使是成人，或年龄很大，身心依然在成长，依然可以尝试去做有挑战性的事情。

前几天，看新闻说2019年最后一批80后也到了三十而立的年纪。身为一个80后的女人，每次谈起年龄和衰老，内心真的很抗拒。但仔细想了下，1989年出生的人，也真的到了三十岁。

一个女朋友在闺密群里表示，从今天开始，我们再也回不到二十多岁了，只能一天比一天衰老。记忆力会下降，体力也下降，整个人生如果能停留在原来的位置上，就很不错了。

闺密群的女孩们纷纷赞同，有人表示岁月无情，只赏赐了我们皱纹和斑点，等着一起衰老吧。我们常常只看到自己失意的一面，却很少会为所得而欢呼。

大家真诚地探讨了以后的时光，有些悲观。可人的未来若只剩衰老，也未免太没有想象力了吧。除了相约一起在公园里晒太阳，我们还可以一起去洱海，一起冬泳，一起去日本看樱花。只要活着，生活就有无限种可能，我们都可以去寻找，去享受。

不要只局限在一种思维里，好像年龄的增长带给我们的只剩下恐惧。其实，即使老去，也可以老得从容、绚烂，在成熟中感受内心青春的涌动，也可以站在更高的视角，拥有更多的角度去看人生种种。

我最钦佩的女人是恒子，70岁的时候她开始摄影，86岁恋爱，97岁出书，如今已经104岁，依然活跃在摄影界，每天化着精致的妆容，衣着得体，爱喝红酒。

恒子写道：“97岁，想做的事情还有一大堆，如果没有梦想，人生就结束了！”

富兰克林说过，有些人25岁就死了，但是要到75岁才被埋葬。

人生的每个瞬间都很精彩，只要有一颗好奇的向上的心，我们将永远年轻如少年。

生活就是这样，每个人都想拥有令人羡慕的生活，拥有永不衰老的漂亮容颜，穿上真丝的晚礼服，点上蜡烛吃晚餐。想去旅行就订机票，想发呆了可以坐在窗台，想休息了就真的敢闭门什么也不管。这样的自由，这样的生活，都是需要付出努力才可以得到的。

或许可以这么说，所有有品质的、有格调的、精致的东西，都难以获得，而粗俗或简陋的生活，放任自己也可以得到。

在对自己有要求、对自己施加压力的时候，我们是可以把一些事情做好，也可以把日子过得精致的。如果对自己没有要求，我们便会遵循最简陋的规则去做事。

一个有趣的人，看到的世界大多也是有趣的，因为他能看到平淡的生活表象下涌动的乐趣。那么，一个有趣的人一定是具备成长型思维的人。

生活总是粗枝大叶，我们唯一能做的，除了珍惜当下，还要要求自己不断突破。但愿每一个成长中的我们都可以找到自己。

我想送你满屋星光

我在微博上看到了这样一段话：今天是我三十岁的生日。恰逢过年，我还是一个人，没有女朋友可以带回家，也没有勇气面对家人的催婚。在图书馆看到你的书，这是我收到的最好的礼物。有没有人送给你过特别难忘的礼物，鼓励你走过一段黑暗的路？

关于礼物，我的确收到过很多，也送过很多人。但最令我难忘的是一盏星光灯。

我时常怀念大学毕业的那段时间。那时，我正在积极准备考研，狭小的房间、拥挤的城市、冷漠的人群，总给我一种错觉，这个城市并不欢迎我，我随时可以被赶走。

我记得那是我的生日，大学同学好好送给了我一个礼物，是一盏星光灯。晚上的时候，一片漆黑，打开这盏灯，屋子里就好像住着星星。

而那时我并没有特别浪漫，对，浪漫这个词并不属于那时那个悲观、自卑、毫无方向的我。但在她看来我已经很浪漫，毕竟毕业后，大家都在积极找工作，暗自比较谁的薪水更高，只有我还在寒冷的冬天，到处看电影、拉片子，为感人的故事流泪不止。

那时的我在马路上一边走，一边想象若有一天自己能如愿登上舞台，应该怎么说。可我最终没有实现梦想，只好离开蓟门桥，搬家到了芍药居。

收拾家的时候，我发现好好送我的那盏星光灯坏了，又不忍心丢掉它。

直到现在，每次买灯的时候，我都会找类似的款式，可再好看的灯，似乎也没了那时满屋星光的感觉了。有很长一段时间我在想，是不是只有在黑暗中，星光才格外明亮。

好好同学曾手写给我的那张字条，我一直留着。十年过去了，字条还在，上面只有一句话：生日快乐，实现梦想。

梦想，这个词语在当时的我看来有些莫名讽刺。我不懂自己为何要坚持写作、读书，以及去做一些看起来很难实现的事情。可不去做，好像更找不到希望。

我那时有很长一段时间睡眠不好，夜晚经常醒来，醒来时会觉得很孤独，然后看书、写作。

我已经习以为常，但每次和同事一起出差，都会收敛着，就躺在床上数羊、数星星，逼着自己入睡。实在睡不着，我就坐在椅子上写作或睡觉。半夜醒来，同事看到我，都会被吓一跳。

之前索老师和我出差比较多，也习惯了我这样，后来她来上海看我，我一觉睡到天亮，她特别惊讶，说："你不是我记忆中的你了啊！你不是一直坐在椅子上写作的那种人吗？"

可人总会改变啊！

唯一不变的是，我最喜欢买的东西就是台灯，且对星星形状的台灯充满了莫名的情愫，总觉得它是黑暗中我最忠实的朋友。黑夜里，我们什么都看不清，只有它和我还亮着。

后来又有一段时间，我搬家，从芍药居搬到了亲戚家，又从北京搬到了上海。

其实住在哪里，或者是有没有自己的房子，我都不太在意，只要晚上有一盏灯亮着，有书，有笔，有可以写字的一个小角落，我就觉得世界是属于我的。我就在这世界里不停地写作，不停地看书。

在做这些事情的时候，我没有想过未来我会因此怎样。可能是一直在逃避，也可能是我对未来还有期待。所以，面对有人来问我关于未来、关于现在的问题，我总是劝很多人要学会等风来，即使你最终没有得到想要的东西，经历之后，生活会给你另一种嘉奖。

我喜欢现在的生活，可以写故事、看书，然后给别人讲书。生活有无限可能，只要你愿意去尝试，去开始行动。我喜欢这样的感觉。

是啊，不去尝试，不去做事，我就会焦虑。只有沉浸在做事的过程中，我才能感受到自己是鲜活的，是年轻的，特别有力量，也特别快乐。而当一个人无所事事的时候，是很难安静下来的。

我一直有一种自信，或者是盲目的自信，总觉得一个人沉浸在一件事情之中，当他的感觉特别好，特别沉迷其中时，多半结果都是好的。而我们之所以焦虑，或者有情绪，多半是心中没有特别想完成的，可以让自己有归属感、有成就感的事情。

我虽然写了很多励志的文字，又幸运地出版了几本书，每次出去演讲，都会被冠上励志女作家的称号，但骨子里，我是一个悲观主义者。很多事情我都做好坏的打算。虽然我一直在往前走，但我时常梦见自己往后踏去，身后空无一人。

直到遇见了徐先生，我问他："若是有一天发现我有抑郁症，怎么办？"

徐先生说："那我们就负负得正。"

我们大笑。而那一瞬间，我仿若回到了过去的某一个时刻，星光在夜晚陪着我。尽管朦胧，图案也很夸张，但这是属于我一个人的星星。

我顿悟道，原来一个人的悲伤，或者是“丧”，它其实都有被治愈的方式。好像遇见徐先生后，我不那么悲观了。可能是他的阳光感染了我，也可能是这孤独的路上，有人温暖你、陪着你，这个人就是满屋星光啊！

世界逼我逞强，我只是不想让你失望

我们都称他为二弟，久而久之，大家忘记了他真正的名字。后来，我们再问他的名字，他笑着说“这些都不重要”。

若问他重要的是什么，他定然回答：“最重要的是，多年后你们还记得我的音容笑貌。”我之前听了不以为然，心想怎么可能会忘记。现在想想，的确记不清二弟的模样了，但他和他的那些故事依然鲜活。

二弟出身很苦，自小父母离婚，他跟着母亲长大，母亲艰辛地抚养他，一生未再婚。据说他的父亲后来多次再婚，他也因此多了几个兄弟姐妹。他没有恨过父亲，尽管他的父亲对他不闻不顾。他长大后，父亲经常跟他要钱，他每次都会伸出援手。他的几个兄弟姐妹有事情找他，他也会尽力帮忙。

让我记忆最深的是，有一次，他其中一个妹妹失恋，他去给妹妹出气，被妹妹的男朋友狠狠地揍了一顿。后来，妹妹又不争气地和男朋友和好了。他头上包着纱布，笑呵呵地对内疚的妹妹说：“你开心就好。我是老大，就得有老大的样子啊！”

二弟每天都会打扮得西装革履，做事认真、踏实，待人真诚、可靠。

他总在笑，好像很少有事情能击倒他。他喜欢看书，朋友圈发的最多的就是他看各种经管类书的观点。大家都喜欢他的乐观，也喜欢他出手大方、不计较。

他很少说小时候的事，甚至很少说自己的事情。我只知道他开了一家网络公司，失败过，也赚过不少钱。赚钱的时候，他一口气资助了好几个贫困生，帮他们交学费，弥补他小时候没钱读书的缺憾。赔钱的时候，在偌大的北京，他交不起房租，被赶得无处栖身，买了一张车票，住在火车站。

三十三岁的时候，他说自己最大的梦想是赶紧结婚，拥有一个家。虽然他有一个女朋友雯雯，但内心并不踏实。

雯雯开了一家蛋糕店，每天都在做各种好吃的甜味点心，她自己却是忠实的戒糖者。雯雯聪慧能干，把蛋糕店经营得有声有色，很快要开分店。她告诉二弟，她需要他赞助三十万，才可以和他结婚，不然太没保障和安全感了。

二弟也知道成人的爱情少了一些纯真，多了一些考验。但雯雯是个好姑娘，三十万的要求也不过分，虽然此时他正缺钱，但他东拼西凑，还是把钱凑齐给了雯雯。雯雯很感激，两个人计划赶紧结婚。

可结婚是一件大事，所以，雯雯的家人也参与进来了。雯雯老家那边的规矩是，男方必须送一套房子做嫁妆。二弟的家人不甘示弱，也说出了自己的想法，说二弟毕竟已经出了三十万，女方还要房子，是结婚还是抢劫？

婚事就此搁浅，爱情就此变淡。那时恰是七月末，北京最热的时候。二弟说，每年七月结束时，他就觉得一年快要结束了。因为往下就是秋天，天短，日子过得很快，冬天也会很快结束。这一年虽然也很快，但这一年他本以为会跟雯雯结婚。

二弟能理解雯雯，包括她的家人。他们生活在一个封闭的小村落里，不得不自私一些，才能生活得好些。

二弟总能很快地理解别人，却从未有人为他着想过。有时，我觉得他就像黑暗中的蜡烛，平日里很沉默，一旦被点燃，就会燃烧全部的热情。只是无人愿意给他一点儿火焰。

很快，雯雯和她的一个老乡结婚了。二弟不像我们想象中那么暴怒，反而平静得可怕。雯雯来还他那三十万，二弟挥挥手说：“傻丫头，这是我送给你的礼物，好好生活，我会忘记你的。”

待痛哭流涕的雯雯走后，二弟躺在沙发上望着窗外的雨，他觉得这一切就像一个梦，如果他是一个无赖该有多好，不用顾全体面，无须克制。

他对我们说：“原来人最快乐的时候，是发生糟糕的事情之前的那一分钟。”说完，二弟伤心地哭了。

多年后，在我的脑海中，有关二弟的一切都模糊了，只有他的哭声我还记得。一个最有可能给他一个家的女人，让他输得彻底又无尊严。自此，二弟好像消失了，微信朋友圈停更了，也不再聚会，变卖了公司，就这样蒸发了。没有告别，没有寒暄，来不及可惜。大家工作都很忙，聚在一起的时间也变得越来越少，一开始的时候还会好奇二弟究竟去了哪里，讨论久了，就再也无人在意他了。

他像每一个来这个城市拼搏的年轻人一样，来去自如，不会留下痕迹。有时候，我会望着街头来来往往的人群想：二弟这个人真实地存在过吗？或者他只是我看过的一场电影里的小配角，虽然有血有肉，但也难敌现实的坎坷。

后来，我移居到上海生活，结婚的时候，突然收到二弟的礼金和祝福。本以为消失的人突然冒了出来，我有许多的问题想问他，他却对现在的生活只字不提。

想来也替二弟难过，二弟重情义，把每个人都当成了亲人般相待，自己却在生活的漩涡里沉沦，幸福的时候出来晒晒太阳，不幸的时候就躲在蜗牛的壳里独自疗伤。二弟沉默了许久，在微信里回复了一句话：我也多么想有个温暖的家。

我立刻回应，并且安慰他，祝福他。

他却说：“我只是不想让关心自己的人失望罢了。”之后便没有再说什么，而后就是继续消失。

作为一个写作的人，我看过许多小说，听过很多故事，多么希望二弟也有一个美好的结局——雯雯会念于旧情，冲破一切禁锢，回到二弟身边，两个人顺利地结婚生子。

但真实的版本是，二弟以不想打扰的姿态，像个失败的人一样落荒而逃，拒绝了所有人继续关心他的一切。

《待业青年》里有一句台词：“我一个人躲在这里，不是不想被人打扰，而是不想打扰任何人，尤其是那些对我寄予厚望的人。”

像我们这样的小镇青年，背井离乡，来到偌大的城市打拼，最终不过想拥有一个温暖的爱人、一个家。可谁的人生不是一边失去，一边拥有？或者，有的人根本从来没有过拥有的可能，有的人短暂地拥有过，却又永远地失去了。

有一次我参加线下活动，一个三十多岁的IT精英听到我们讲丰子恺的无用之美，突然动情地说自己最大的愿望不过是在某个南方的小镇拥有一处小院落，日出而耕，日落归家。他毕业于名校，现在在上海买了房和车，但活得很累，压力很大，无数次地想过放弃一切，带着妻子和女儿去过另一种生活。但他不能，因为不想让身边的人失望，尤其是女儿。

恍惚之间，我仿若又回到最初认识二弟的时候，他也是这么一脸认真地对我们说：“我读书不多，但我一定要努力。我不想让身后那条街上的人失望，尤其是我妈。”

和雯雯在一起后，他的人生目标又成了不让雯雯失望。为此，他不分昼夜地工作，拼尽了全力，却依然丢掉了最爱的人。

不知二弟现在过着怎样的生活，但我希望无论是他，还是走在这个城市的你和我，我们不再对着世界逞强，活着的目标不再是满足别人的期待，首先保护好自己，别再受伤。年轻的岁月里，可以有遗憾，但再也没有彷徨。

专心致志地去爱，比什么都重要

我和徐先生结婚后，真的很少见面。每次听我这么讲，很多朋友都会为我担忧。有时，他们的担忧也会影响到我的情绪。比如，只要徐先生在国外玩得特别开心，不断地给我拍照，展示美景的时候，我都会说：“别忘记你国内还有个媳妇儿。”

“遵命啊！我一直不敢忘！”

最初，一些朋友在听说我找了一个飞行员做男朋友，都流露出羡慕的表情：“哇，那他应该很帅吧？”

第二个问题，一定是：“他应该很花心吧？”随后，有的人也会问我很多问题，多半是好奇我和他怎样恋爱、怎样交往、他怎样当上飞行员的。

徐先生做飞行员的经历有些特别。

他研究生毕业后，也签订了工作。他打算先回家，再去厦门入职。那天恰好是晚上的火车，下午他出去吃饭，看到了一张招聘飞行员的传单。抱着试试看的心情，他迅速地填好了报名单，然后又去面试、体检。

当天晚上，他坐上了回家的火车，并没有想太多。惊喜的是，回到家后，他居然接到了通过飞行员初试的消息。那时，他面临一个选择，是按照原计划前往厦门新的工作那里去报道，还是前往成都参加飞行员的复试。毕竟，厦门的工作也是很多人向往的，他为此也付出了许多努力。

当时他的雅思成绩还不错，他很快就做了决定，前往成都参加复试。由此，他也放弃了厦门的工作。多年后，徐先生飞过厦门的上空时，内心颇多感慨，也会想，如果选择了厦门，此时会过着怎样的生活。

但当时的他真的是破釜沉舟，买了一张坐票，坐了一天一夜才到成都，参加复试。而后，他又前往西安，参加了最终的考试，幸运的是，他一一通过了。

其他的研究生同学都开始上班了，徐先生又前往加拿大去学飞行。学成后，他第一次驾驶飞机成功时，走下飞机，许多人往他身上泼水，庆祝他的胜利。每一个第一次驾驶飞机的飞行员通过考试时，据说都会被泼水。

他开心极了。

后来，他回到上海，开始了他的飞行人生。

我们在一起之后，他也是经常在全世界各地飞行。有时飞欧洲或美国，一出差就快要一个星期。而我也经常出差去各地演讲，所以，我们都很珍惜每次见面的机会。我也时刻牢记一点，每次受委屈了，他飞行之前，一定不会告诉他，以免影响他的情绪，毕竟飞机上有那么多乘客，他们的安全最重要。

直到听说我要和徐先生结婚，身边的亲人和朋友开始担心我，为我着急：“飞行员这个群体有些花心吧，你想想，那么多漂亮的空姐。而且他一天到晚不回家，你要想好。”

结婚，我自然是有些犹豫不决的。之所以当时下定决心，是因为做了一场作者的活动。

作者是写爱情小说的，她的先生比她大了二十多岁，是一家上市公司的创始人。他们两个人一个住在北京，一个住在上海，每个周末会见一次面。先生很爱她，她也很爱先生和他的家人。每到年末，两人会出去旅行一次，平日里属于她的时间很多，她很忙碌，也很满意现在的生活。

会场有一个女书友说，自己一天不见老公，内心就会慌张，如果经常一周两周见不到，就会更没有安全感。其实这个问题，也是我特别想问的，也是我此时面对的。

那个女作者说自己一直是很有勇气的女孩，从去国外留学到选择嫁给一个比自己大二十多岁的男人，她一直都是信心满满的样子。一个女人内心越是富足，她的世界越是广阔，她关心的事情越是美好，就不会被眼前琐碎的小事而击败。

爱情，事业，家庭，婚姻，孩子，都是生命中很重要的组成部分，但这里有一个主线，那就是女人要一直成长，向内看自己，才能向外看别人。

她和先生虽然很少见面，但每天交流的话题和深度，都在同一个频率。他们的生活节奏是一样的。

她讲了很多浪漫的时刻，他每去一个地方，都会给她带化妆品。他比她还要在意她的美貌，每次听到她在熬夜加班，都会批评她。批评，有时也是一种心疼。

我陶醉在他们诗意的对话里。

他对她说："未来的某一天，我注定要比你先离开这个世界。"

她说："可明天和意外，在你我身上的机会均等。"

他对她说："你在我的身边，和你不在我的身边，我都很想念你。"

她说："你不说的话，我以为你就住在隔壁，只是我想保留一点儿神秘感而选择不见你。"

真好。

听她讲述他们之间这么浪漫的对话，我真的觉得爱情也需要棋逢对手，才能浪漫无比。真实的生活本是枯燥、重复、琐碎的，可这样的分居两地，让两个人多了一些空间收拾自己的情绪，甚至是工作的狼狈，反而每次见面都能体面如初。

爱的形式可能有许多种，有人认为我们必须每天相拥着，才算是真正的爱与婚姻。有人认为，不必拘于形式，无论身在何处，转念想起你，才是最好的爱。

就像我看到一个视频，一对夫妻赚了很多钱，但没有买房，也没有买车，他们就租住在老上海的房子里。他们把收入的一部分都拿来租房了，立誓要住遍整个上海最有特色的老房子。平日里，他们分居在不同的房间，睡在不同的床上，就这样过了十五年。

听完那次那个女作者的分享，我豁然开朗。或许，这也是我的宿命。在我传统的观念里，我也和父母、亲人、朋友，有着同样的担忧。担心结婚后，爱人不常在身边，总会有隔膜，会有摩擦、争执，或间隙。

但真实地和徐先生这个整日里全世界飞的人相处下来，我还是认为自己和他很适合。我们有彼此的空间，不会太拥挤，爱时常还会留有一种思念的味道。因为不经常见面，我们好像有了更多的时间，去探讨一些深刻的问题。

我也渐渐明白，如果一个人的内心世界不够丰富，即使遇见对的人，也无法把握。一个人的灵魂越圆满，内心就会越欢喜，人也就越轻松，与他人相处，也就会更自然自在。

并不是两个一直靠在一起的人，就是最值得信任的，也并非不在一起的爱情，就禁不起考验。灵魂的匹配早已超越世俗的衡量，现实的并肩而行，更需要精神的交流和支持。

我们对事物深度的理解，可以帮助我们认识自己究竟是怎样的人。浮在事物表面的浮华，注定会褪去。而大多数人都只是看到了浮华的余光，忽略了人需求的本质。

当然，更多的时候，我自然希望徐先生陪伴在我身边。但我依然期待，不管走多么远，我们都可以像现在这样不被任何距离、事物而打扰。专心致志地爱彼此，比什么都重要。

人本质是嫁给了自己

有个老生常谈的问题，年轻的女孩总喜欢问一个问题，是嫁得好重要，还是干得好重要。

其实，从某种意义上来说，嫁得好和干得好是一个概念。当然，关于婚姻，每个人都有着不同的看法，我却认为，人本质上是嫁给了自己。

如果一味地想着嫁给了谁，由此过上了怎样的生活，根本都不成立。因为人的生活是由外在的物质和内在的思想组成的。

毕竟缺乏智慧的人生，了然无趣，缺乏物质的人生，寸步难行。

2019年，我参加女性成长会的线下活动时，一个女人坦白了自己的观点，很朴实。她说："人之所以不快乐，多半是因为自己没有钱，钱几乎可以买来所有的快乐。现在之所以觉得潦倒、不快乐，甚至有挫败感，都是因为自己之前没有努力，或者没有努力地嫁给一个有钱人。"

她的观点几乎得到了所有人的认可。

可如果年轻的时候，我们真的嫁给了有钱人，就真的一定会快乐吗？余生，就真的不需要担心了吗？

未必。毕竟很多人的人生，以及他们的快乐，甚至他们存在的价值，都取决于他们无法控制的人和事物。

想起一本书，《我是个妈妈，我需要铂金包》，本以为是讲一个耶鲁人类学博士在上东区的华丽生活。事实上，整本书都在讲一个真正的精英女性，一个优秀而独立的女人，依然面临着巨大的焦虑和困惑。她凭借自己的智慧和对时间精准的管理，犹如升级打怪兽般，一步步迎难而上。

作者写道："这个世界就像一个剧场，当前排观众站起来的时候，后排观众也不得不这么做。"

她已找到自己的剧场，更多的人可能根本不知道前面站起来的人是谁，而自己又要为什么事站起来。

在这本书中，上东区的很多女人晚上经常失眠，因为她们的经济来源全都要依靠另一半。其中一个女人眉飞色舞地说："我母亲告诉我，要尽量向先生要珠宝，让自己多一层保障。"还有一些女人的先生会给她们年终奖，那么，妻子看起来像不像一个雇员？

对很多女人来说，嫁给有钱有势的男人，这辈子就不用担忧了。

事实上，上东区的女人们却告诉我们，光鲜亮丽的人生只是一袭华美的袍子。那个穿袍子的人，她的感受才是最真实的。

毕竟自己的人生总被别人掌控，通常内心会有怨恨、不安全感，婚姻和人际关系的问题，也会随之而来。她们有太多焦虑的事情，太多的怨恨和不满，积满了一个又一个酒杯。

之前，有个热点是钟丽缇和老公上了一个节目《我最爱的女人》，在这个节目里，钟丽缇居然被老公骂哭了，原因是，他要洗澡的时候，认为妻子没有为他掩饰好。

真是无限感慨，原来这位从小美到现在的性感女神，婚姻生活里居然会受委屈。可能是因为太爱一个人，情感上就会处于弱势，就喜欢依附于对方。可被宠爱的永远有恃无恐。

如同我的一个亲戚，在中科院读博士。一个男孩子追求她，她有些动心。我问是不是很喜欢，她说对方很喜欢她，她有些纠结，之所以想恋爱，是因为年龄大了，怕以后不好嫁。之所以不想那么快答应，是对方各个方面都不如她，前途未卜。

她妈妈的建议是，凡事要看她自己，不想干涉什么。

她特意跑来上海征求我的意见。我看着她和男朋友的情侣头像换了一个又一个，觉得这爱情真的是又浪漫又天真。

我问她："他哪些方面比较吸引你？"

她说："应该是某种散漫的感觉，不追求上进，但很懂得生活，不像我只知道傻傻地努力地看书、学习。”

我劝她还是要以学业为重，等遇见特别喜欢的人再放心去爱，一个二十五岁的女孩跑来给我说怕年龄太大，以后无法遇见合适的男人，我甚至觉得这都算不上幼稚，只能是愚蠢。

女孩听完我的建议，从上海回到北京，还是敌不过男孩的追求，或者是另一种性格和生活方式的吸引，选择了在一起。

后来，她爱得太投入了，博士又被延长了一年还没有毕业，为了可以和男朋友在一起，放弃了继续前往香港深造的机会。她真正后悔的一天，是身边的同学找的工作都比她的好，学姐们陆续结婚，学妹们在工作中遇见的男生都很优秀，而她因为把过多的时间和精力放在了恋爱上，错失了许多机会。

她可以选择降级自己的追求，从北京前往男朋友所在的呼和浩特，可能也会安稳生活，但她骨子里又不甘于某种平凡，陷入了两难。

她问我当初为何不阻拦她。

可是，爱情是没有办法阻拦的，尤其是劣质的爱，更像是一种毒药，容易让人迷失。好的爱情，或者好的婚姻，会让你更懂得自己，看清所需。

陆琪在《爱情需要止损》中说：在这个世界上，你想要什么，就会得到什么。如果得到了不想要的东西，就要及时丢掉，否则就会越错越厉害。抱歉的是，人在关键时刻，还是丢不掉应该丢的东西。

一个作家写过一篇很火的文章，叫《坏婚姻是一所好学校》，我却不认同这样的观点。无论是婚姻还是爱情，对于女孩子来说，都是一种修行和成长。人很难知道自己什么时候错了，哪一步是对的。坏的婚姻、爱情，只能算是一种经历，磨炼我们的心智，可能会让你从失败中学会珍惜，成为更好的人，也可能会成为你不愿回首的一段时光。

不管是爱情或是婚姻，人本质上都是在和自己相处，在爱别人的时候，懂得了自己需要怎样的爱。在被别人爱护的时候，懂得了温暖，以及怎样去爱别人。

一个作家写过，人之所以能够感到“幸福”，不是因为生活得舒适，而是因为生活得有希望。而这种希望，以及它所能给予我们的幸福感，只能是自己给自己的。

歌德：我将变成一个新人回来

一个女孩同我说，某年除夕之夜，她的父亲因车祸去世了，她很难过。时隔三年，她还是没有办法忘记过去。毕竟，她也经历了这次车祸。从此，她习惯性地会回避所有不好的东西，内心只愿看到好的事情。她很难过，走不出来。

我看到她的求救，动笔写了这篇文，希望可以安慰到她，告诉她，人生不止有励志的对抗，也有平静的绝望。有些事情不必忘。敏感是一种天赋，请好好保护它。

若你相信能量守恒定律，自然会懂得，好的坏的，都是需要接受和面对的。而我们能做的，除了成长，还有一种方式是与过去和平相处。

歌德在魏玛已生活十几年，他白天操劳政务，夜晚创作爱情诗。看似充实而忙碌，实则他疲惫不堪。

1786年9月3日的凌晨三点，37岁的歌德独自一人逃往意大利。

1786年11月4日，歌德在罗马给母亲写了一封信，信中说：“我将变成一个新人回来。”

在意大利的时光，他完成了自己著作中最伟大的部分。意大利拯救了歌德。歌德也献给了这个世界最好的作品。凡是缠绕自己的，必将都是自己要逃离的。可我认为歌德并没有变，他还像过去一样，还是要回来面对像过去一样重复的生活。

村上春树在《我的职业是小说家》里写道，自己将要动笔写作，却无灵感，一定要远离熟悉的人和事物，逃到另一个国度。那里没有认识他的人，无须见面寒暄，他只求清净。

可不管他身在何方，每日都是先去跑步，再来写字，所过的生活与在日本没有不同。

人是逃不脱生活的，纵使拥有百般武艺，要对抗的，或恼怒的，不过是自己在疲惫人生里的失意。

就像此时的我一样，不管身在哪个城市，要对抗的依然是年岁的增长、记忆力的下降，以及一种担心灵感或天赋消失的恐慌。一个作者若不写作，思想和身体都是会生锈的。

每当遇见难以逾越的时光，我们不可避免地想成为一个新人，直到释怀、放下、接受，往前走，与过去告别。

可过去的时光真的就那么可怕吗？崭新的我们，就真的这么值得期待吗？

未必啊。不是所有人都可以和过去和解，不是所有人都能像歌德一样，轻而易举地逃离现实。

电影《海边的曼彻斯特》中，Lee是一个普通的沉默的男人。一个夜晚，他为火炉生火后，跑去喝酒，回来的路上，看到自己的家着火了，熊熊大火中，他失去了自己的孩子，妻子也离他而去。他不是纵火案的主谋，这只是一次意外，警察了解详情后，通知他可以回家了。

他悲痛欲绝，他的生活从此陷入了绝境，没有希望，他从未想过要拯救自己。他是那么平静，没有号啕大哭，甚至没有挣扎。面对生活，他疲惫到没有力气争吵、诉说。他也无须诉说，因为他的世界只剩下了空。

即使前妻结婚了，路上遇见他，对他仍有感情地哭诉，他依然无动于衷，甚至没有拥抱她，或安慰她不要哭。那场大火可能已经带走了他全部的生活，包括感情。

电影的结尾，一切又回到了原点，他终于哭了："I can't beat it（我不能打破它），我真的走不出来。"

我写过许多鼓励的故事，也曾为很多励志电影流下眼泪，故事里的主角都会对我们说："忘记过去，重新开始吧！"

也有编剧会安排一个救赎的结局，好像往事被忘记、搁浅，当事人被原谅、理解，都是顺其自然的事情。然而，现实却不是如此，并不是所有人都可以重新轻装上阵。

去年杭州纵火案的保姆，在465天以后，终于被判死刑了。失去了三个孩子和爱妻的林爸爸却悲恸至今，用微博“老婆孩子在天堂”来回忆过往的一切，他写：“恶人虽然伏法，可我的心还是很痛，很痛。小贞和孩子们再也回不来了。”

这个已经一无所有的男人曾无比幸福，他一遍遍回忆过去，关于孩子的一切，他都清晰地记在心里。

“我的余生就这样开始了，无论是过去还是现在，这都是我不曾选择的人生，也是我完全没有做好准备的人生，这一切都令我无法想象。”

林爸爸皈依佛门，每周为妻儿诵读心经，他在背上文了一个“守护天使”。他说：“这辈子，在这时空下，我继续背着你们前行，刻画在背上，融入血液里，天使的翅膀永远守护着你们。”

他明白，一旦走出来，一旦和解、放下，可能就真的再也感觉不到逝去的亲人了。痛苦并不可怕，可怕的是失去一种感觉，成为一个麻木的人。

这段时间，我做了很多次主持，每次来的嘉宾都是各界精英，他们斗志昂扬，说起生活、工作，以及分享的书目，无不励志而实用，只要有心，都可以让生活变得高效。这个世界，有人在用各种方法兜售成功学，有人告诉你只要努力就可以成功，有人用简单速配的爱情理论嫁给了想要的人，有人告诉你怎样与这个世界玩耍，并从中名利双收。

却唯独没有人告诉你，也无法告诉你，只有你自己才能感受到属于你的真实生活。每个人都是独一无二的，经历和痛苦都无法复制。你没有办法脱离现在的生活、心理状态，怎么可能一下学会成功学的秘诀，又怎么能用速配的方式找到爱情。

所有的人都在往前走，只有你留在原地。而成功学要说的是，你要成为一个新的你，才可能拥有新的一切。改变其实挺难的。

歌德逃往意大利，村上春树在欧洲跑步、创作，悲伤的女孩还在为死去的父亲而伤痛不已，可能街头某个很容易让人忽视的人就是走不出过去的Lee，林爸爸还在修行的路上，无法止痛，无法止步。

如此多的状态，不过是人间活着的种种。

去接受，不要遗忘；去面对，无须怀疑。

最难的是，我们还活在人间烟火中，要懂得遗憾占据了大部分的人生。

感谢你让我学会了爱与生活

今天公司带我们去体检，和一群比我小很多的同事们一起体检，听到她们说害怕、担忧，自己也莫名紧张。幸好检查下来，我并没有什么异常，觉得自己幸运极了，比中了彩票还要开心。

健康，真的是人生最大的财富，是我们走向远方的基础。有一个小伙伴甚至买了一个养生锅，打算从当天开始健康饮食，正常作息。

有一个同事宣萱，今年23岁，第一次体检，被检查出来有先天性心脏病。她很震惊，不死心，又做了其他检查，最终确诊为先天性心脏病。

拿着结果，她沉默了一个下午，我们都很为她担忧。许久后，她终于恢复了乐观。还特意在朋友圈写了自己的状态，说以后拜托大家都对她好一点儿，一言不合的时候让着她点儿，她现在可是心脏病患者。

我们集体回应："放心吧，一定会对你爱护有加。"

我真的很心疼她，她本来就经历挺多，父母离异得早，当时两个人又都不愿意养她。她很努力，也很倔强，一边赚学费一边读书，如今终于熬到了工作。终于可以喘口气的时候，父母却经常找她，需要她的帮助。

人生无常，真实的生活对她太残忍。她却很幽默，经常说一些好玩的笑话逗大家开心。真的很佩服这样的女孩。虽然平日里也会叽叽喳喳地闹腾，但在关键时刻，能忍住伤痛，识大体。当我更了解她后，发现不管她表面多么快乐，骨子里其实是悲伤、自卑的。

宣萱说，检查结果出来后，她所做的事情，就是悄无声息地删掉了微信里的几个人。这几个人是经常找她借钱不还的亲人，以及伤害过她的朋友。之前，她总是不舍得删掉他们，即使有时会觉得不舒服，但她一直有一种误区，认为有人陪着自己，总比身边空无一人要好。她生病后，曾求救于借钱不还的亲人和朋友，却无人回应。

人总是得把最重要的时间和精力用在最重要的事情上。其实，让自己活好，就是我们生命中最重要的事情。我们的确无须花费许多时间去关注和讨好那些无关紧要的人。更不要牺牲自己，来换取他人的存在感。

就在昨日，我还在问一个年长的朋友：“假如你工作中，或合作伙伴里，有人对你不满，和你气场不和，你只要努力对她好一点儿，还是能让她开始喜欢你。你是会努力让她喜欢你，还是放弃？”

他回答我：“精力有限，要往前走，找到真正喜欢你的人，而不是在原地，和不喜欢你的人周旋。”

生活是最好的战场，一些事情我们一开始就看懂，并不是势利，而是智慧。

宣萱问我：“同样都是年轻的女孩，为何人生偏偏要让我经历这么多？”

我说：“一定是生活想给予你更多，想让你早点儿长大。”

读《飘》的时候，有段话曾让我印象深刻：一个女人若是在年轻的时候经历过最可怕的事，她将一生都不再知道什么叫作害怕。

仔细想想，一个女人若真的经历了这些，将从此不再害怕黑暗，不再害怕邪恶，甚至不再害怕伤害任何人。一个女人若能够全心全意地爱自己，专心致志地做自己喜欢的事情，也是一种智慧的活法。

我们都会长大，一路走来，谁不是跌跌撞撞，摔倒了，爬起来，不敢哭。你只能依靠自己，或者是当你依靠自己的力量站起来的时候，你终于原谅了所有人的不相助。

就像是那个离婚了的允儿，她的女儿归属前夫。她很想去看她的女儿，但苦于与她距离太远。一日，女儿告诉她想去看海，想去沙滩捡贝壳。她一口应诺，往下就开始计划路线，怎么前往女儿的城市，怎么再去看大海。

她先是请求父母可以带自己的女儿来自己工作的城市，因为这里靠近大海。她的父母恰好与她的女儿住在一个城市，他们却拒绝了她，理由是太忙碌，还有孙子要照看。她又去请求前夫，前夫不能送孩子到车站，因为有生意要忙。她请求了一圈，大家都不能来。本以为她会生怨，她却说没有时间怨谁，只想一个人赶紧去接女儿。于是她跑了上千公里去接女儿，又跑了几百公里带女儿去看海，然后把女儿送回家，在回家的路上，一个人痛哭流涕。

她回到自己的城市，接到女儿的电话："妈妈，我爱你。你的爱就像大海一样。我就是小贝壳。"顿时，疲惫不堪的她终于品尝到了辛苦生活背后的善意。她暗暗发誓，不管生活多么艰难，她都要给女儿成长路上留一段美好的回忆，即使这美好是需要代价的，也在所不惜。

看着她每日忙碌，又找了兼职，我不禁心生敬意。每一个努力的人都不应被亏欠，即使她努力的姿态不好看。因为真实的人生，我们的心愿都难以实现，这就是成人世界的生活准则。不必抱怨，不必怨恨，努力去做，去实现，去圆满。我相信，活着最大的意义就是去做。

我们都会在突然之间长成一个大人，开始知道喝冷饮会胃疼，那就不再喝冷饮。知道熬夜会让皮肤变差，便开始早睡早起。

当我们走过迷茫后，第一眼就知道了什么是喜欢，所以做决定也会很快，很快。我们都会明白，纠缠的感情都是来者不善，需学会快速地斩断情丝乱麻，因为彼此时间宝贵，时光只允美好，不可浪费。

随着成长，我也终于开始能分辨来找我倾诉的人，哪些需要帮助，哪些只是无聊。我开始明白人来人往，就像春夏秋冬里的树叶，或生长，或落下，都自有归属。

我虽然还是那个善良到软弱的人，但我做不到了，真的做不到了，做不到把很多精力分给每一个前来向我求助的人，做不到对所有人都很有耐心，以及回复每一个人的问题。

我只想说，真实的生活不易，且行且珍惜。有些问题不必问，会迎刃而解，有些问题问了也没有答案，立场不同。

长大后，很多事你要自己去分辨，去解惑，去为自己开辟桃花源。遇见问题了，换一个角度想想，原谅他人的不援手，原谅自己的无能为力。不与尘世妥协，不与他人倔强。我们终于能学会自己安慰自己。

谢谢你，愿意收留我这孤独的灵魂。

结婚后，我去做过一场关于香奈儿的分享会。香奈儿的故事，坎坷又有温度，感染了许多人。

其中有一个女强人感慨，现在的女人进步速度太快了，早已超越了男性。晚上下班，她所闻所见的大多都是男人在家里葛优躺，女人们都如她一般，还要去学习、晋升。

恰好那次徐先生也去听了我的分享会，又恰好坐在她的身边。

我说："真的感谢我的先生，他就坐在你的身边，让我少了一些抱怨。不过，即使他不来，我也能理解他。"

顿时，大家一起看向徐先生，且鼓起掌来。

许多人问我："婚后最大的感受是什么？"

我说："是感谢，感谢徐先生对我的包容，以及收留了我这孤独的灵魂。"

文字中的我是理性且睿智的，工作中的我也是努力且果断的，但在现实生活中，我的确是一个迷糊又脆弱的人。即使是我最亲密无间的朋友，也说过我是一个性格很好、很宽容的人，虽然我很好相处，但她无法忍受我的迷糊，又不太忍心批评我。所以，要选择和真实的我一起生活，那是万万不能接受的。

有很长一段时间，我对自己的生活能力都很质疑。每次只要出门，一定要重新检查一次，生怕哪里遇见问题。

一次，徐先生买了一口新锅，就去出差了。待他回来的时候，已是第二天的晚上十点，他说自己想吃包子，让我帮他蒸两个妈妈寄的包子。

我赶紧去蒸包子，又想炒一个香椿炒鸡蛋。遗憾的是，我忘记了放水，就开始蒸包子，直到闻到了一股焦煳味，我才发觉自己的错误。再品尝一下香椿炒鸡蛋，盐放多了，比咸菜还要咸。

不忍直视的一次做饭经历。徐先生回到家，看到这些，不禁笑了起来。我也开玩笑问他：“是不是开始怀念贤惠的某个前女友了？”

他哈哈大笑：“本想批评你，突然想到你是个写作的，不擅长做这些也正常。”

我就很感动。本想给他精心准备一顿丰盛的晚餐，却未想到狼狈收场。相爱的人，谁不想留给彼此一个美好的印象，即使费力讨好，即使辛苦付出，都想让对方感受自己的爱。可生活有时就是这样，有时尴尬，有时令人难堪。

还记得一次，徐先生说自己想吃西红柿，我赶紧去买。看到一个商品正在做活动，搞团购，我立刻下单。等啊等，终于等到了西红柿，却发现生涩到难以下咽。

一大箱子西红柿，我们用白糖蘸着吃，做西红柿鸡蛋面、西红柿炖牛腩，凡是能够和西红柿搭配的菜，都被我一一做了个遍。后来一提西红柿，徐先生就说：“哇，求你放过我。”

类似这样的事情经常发生，他总结了一点，说我的确不擅长生活，买东西的时候，都是一时兴起，不会考虑现实生活中，我们是否需要。但他从不会批评我，因为他很会为我找理由开脱："你还是爱我的，只要我说什么，你都会立刻去执行。只是下次，做之前，你得预想一下这个东西适合不适合。"

好吧，请原谅我这个迷糊又粗心的人。可我真的也在改变自己，开始学着做饭、炒菜，甚至包水饺。

过年的时候，徐先生有任务要飞行，没有回老家过年。我便陪伴着他。除夕当日，他飞了，要到晚上十一点才到家。我忙碌了一整天，先是把他们的飞行员公寓打扫了一遍，又来到厨房，开始对着网络课程做水饺。先是发面，调制水饺馅，我忙得不亦乐乎，一头一脸一身都是面粉。

包好了三个水饺，我先煮了品尝一下，发现太淡了，赶紧放盐。又包了三个，发现味道和以前吃的不太一样，又发现忘记了放酱油。慌里慌张，我又下单买了酱油，谢天谢地，感谢勤劳的电商，直到除夕之夜还在辛苦送货，我才得以做好了这顿水饺。

说它是水饺，其实更像是一个个小面团——面特别厚，馅特别少，吃起来软软的，没有什么味道。

徐先生和他的室友社长（我们都叫他社长）回到飞行员公寓，看到我准备了一桌子的菜，还有面团似的水饺，以及焕然一新的房间，他们都很感动。虽然难吃了点儿，但大家都说这个年过得特别有趣。

第二天，徐先生和社长太累了，一直睡到十一点还没有起床。我却很早就起来了，又开始忙碌。那应该是我最忙的一个新年吧。我一边忙，一边想：啧啧，真能睡啊，尿都憋不醒。

他们终于醒来，看到我在忙碌，赶紧说："你还是歇着吧，我们想给你做一顿真正的水饺。"

虽然他们平日里很忙，但只要在家，就会做饭，而且厨艺都很棒。

果不其然，不到半个小时，我们就吃上了水饺。我一边吃，一边想：真好，这就是妈妈包的水饺啊！不像我昨日包的，都是面团。

我说："终于有点儿过年的感觉了！"

徐先生却说："从你开始陪着我过除夕的时候，就已经是过年了。"

原来，爱一个人就是这样简单。在没有遇见徐先生之前，我一直以为会孤独到老。三十岁的时候，虽然自己在事业上取得了一定的成绩，但在身边的人看来，多少都有失败的味道。感谢我没有冲动地嫁给不喜欢的人，也没有轻信爱人是等来的这种"佛系"说法。爱情并不是人生的全部，所以，不要给它太多负担，太多衡量标准。

我并不是反对女孩子的结婚条件是看对方有没有房子和车，我只是反对把所有的关注力都集中在物质方面，反而忘记了爱的初衷和纯粹。

当然，在没有遇见徐先生之前，我更担心自己未来的婚姻生活里只有琐碎、争吵、疲惫，仅剩下的一点儿温馨和期待，也在生活的研磨下变成了无奈和逃避。幸好，我所担心的都没有发生，即使我们也会发生小小的不愉快，彼此也能及时地原谅。

没有谁比相爱的人更了解彼此的相处，有问题了就赶紧去解决，有快乐要及时行乐。表达出来，不要憋着，你舒服的时候，对方也会开心。你不快乐，对方也不会开心。

那么，我以前的爱情，徐先生以前爱过的女孩，有时，我想想，自己也会感谢他们。是他们教会了我们看清自己的内心所需，看懂自己究竟是一个怎样的人。我们都不完美，但内心对自己要求又非常高，想成为更好的人，想学会更高级地表达自己的爱。

在和其他人相爱的时候，我们一次次败下阵来，有过懊恼，有过痛苦，折磨过其他人，也被其他人折磨过。走到现在，我并不会原谅那些伤害过我的人、让我痛苦的事，但徐先生的爱让我明白，人总要换一个角度去看问题，才会懂得内心所需。

像我这样迷糊又粗心的人，之前总是被人否定、批评，现在的我做了同样愚蠢的事情，徐先生却会肯定我，鼓励我。所以，才有了我的反思和进步。

最后的最后，感谢你不仅仅收留了我，也收留了我全部的不堪和缺点。

更感谢你让我学会了爱与生活。